PRÉ-CÁLCULO SEM MISTÉRIOS

Blucher

Hélio Vinicius Moreno Tozatti
Raimundo de Araújo Bastos Júnior

PRÉ-CÁLCULO SEM MISTÉRIOS

Teoria e prática passo a passo

Volume 1

Acesse o gabarito aqui:

Pré-cálculo sem mistérios: teoria e prática passo a passo, volume 1

Publisher Edgard Blücher
Editor Eduardo Blücher
Coordenador editorial Rafael Fulanetti
Coordenação de produção Andressa Lira
Produção editorial Kedma Marques
Diagramação Os autores
Revisão de texto Maurício Katayama
Capa Laércio Flenic
Imagem da capa iStockphoto

Editora Blucher
Rua Pedroso Alvarenga, 1245, 4º andar
CEP 04531-934 – São Paulo – SP – Brasil
Tel.: 55 11 3078-5366
contato@blucher.com.br
www.blucher.com.br

Segundo o Novo Acordo Ortográfico, conforme 6. ed. do *Vocabulário Ortográfico da Língua Portuguesa*, Academia Brasileira de Letras, março de 2012.

Dados Internacionais de Catalogação na Publicação (CIP)
Angélica Ilacqua CRB-8/7057

Tozatti, Hélio Vinicius Moreno. Pré-cálculo sem mistérios, volume 1 : teoria e prática passo a passo / Hélio Vinicius Moreno Tozatti, Raimundo de Araújo Bastos Júnior. - São Paulo : Blucher, 2024. 224 p.

ISBN 978-85-212-2213-2 (impresso)

ISBN 978-85-212-2214-9 (eletrônico)

1. Pré-cálculo I. Título II. Bastos Júnior, Raimundo de Araújo

24-4230 CDD 512

Índices para catálogo sistemático: 1. Pré-cálculo

Introdução

O livro *Pré-cálculo sem mistérios, volume 1*, em grande parte, foi motivado pelas perguntas e dúvidas dos alunos de primeiro ano nas nossas universidades. Como um curso de cálculo diferencial e integral, pressupõe um conhecimento prévio de grande parte dos assuntos estudados no ensino médio, bem como a capacidade de analisar e interpretar situações-problemas. Do ponto de vista matemático, tais dúvidas estão relacionadas às definições, noções e propriedades básicas sobre conjuntos, conjuntos numéricos e funções. Nesse contexto, o objetivo do livro é oferecer um conteúdo consistente e diversificado sobre conjuntos, números e funções, que geralmente são abordados superficialmente na maioria dos cursos de cálculo diferencial e integral. Cabe destacar que, ao longo do livro, acrescentamos informações e fatos históricos sobre as origens dos símbolos, das notações modernas e dos matemáticos envolvidos nos temas e assuntos abordados.

Muitos dos conceitos matemáticos são expressos em termos de funções e conjuntos, portanto é necessária uma apresentação detalhada sobre conjuntos (conjuntos numéricos), funções elementares (constantes, lineares, lineares afins e quadráticas), funções potências, polinomiais, exponencias, logarítmicas e trigonométricas.

Assim, o presente texto foi desenvolvido com o objetivo de facilitar o primeiro contato do aluno com a matemática do ensino superior e servir como material didático para um curso de pré-cálculo. Para isso, desenvolvemos demonstrações matemáticas, aplicações e modelagens em termos de funções envolvendo as mais diversas áreas do conhecimento. Mesclamos exemplos conhecidos de livros didáticos do ensino médio, questões de vestibulares e cursos de cálculo diferencial e integral. A fim de ajudar o leitor/estudante, incluímos um número significativo de demonstrações que são essenciais para o bom entendimento dos conceitos apresentados nos livros didáticos do ensino médio e cursos de cálculo. Evitamos incluir exercícios que exijam o esboço dos gráficos das funções, pois esse assunto será abordado adequadamente no curso de cálculo diferencial e integral. Nesse ponto, para suprir parcialmente essa lacuna, sugerimos fortemente ao leitor a utilização do software gratuito Geogebra[1]. Para auxiliar a sua leitura o livro está estruturado da seguinte forma:

No **Capítulo 1**, aborda-se a teoria dos conjuntos, que foi formalizada no século XIX e é uma ferramenta amplamente utilizada em estudos matemáticos para descrever as características e propriedades dos elementos em questão. Nesse capítulo, oferecemos uma introdução detalhada à teoria dos conjuntos, com o objetivo de proporcionar uma compreensão abrangente dos conceitos e notações frequentemente utilizados e aprimorar o raciocínio lógico do estudante/leitor, por meio de demonstrações, exemplos e aplicações teóricas. Além disso, na seção sobre diagramas de Venn-Euler, apresentamos modelos aplicáveis em experimentos quantitativos.

No **Capítulo 2**, para aplicarmos funções nos números reais, necessitamos de um estudo prévio sobre aritmética, desigualdades, potências, inequações, intervalos e módulos. No segundo capítulo contextualizamos os fatos históricos e os matemáticos que contribuíram com o desenvolvimento da teoria dos números reais. Para aprimorar as habilidades do estudante/leitor em linguagem matemática, demonstramos de forma acessível as propriedades aritméticas, modulares e dos números expressos na forma de potência.

No **Capítulo 3**, sobre o estudo de funções matemáticas, é fundamental entender a formulação proposta pelo matemático Lejeune Dirichlet. Formalizamos, em linguagem moderna, domínio de funções, operações algébricas entre funções e gráficos de funções. Classificamos as funções constantes, lineares, lineares afins, quadráticas, potências e polinomiais como funções elementares que são amplamente utilizadas devido à facilidade na manipulação de suas propriedades em limites, derivadas e integrais.

No **Capítulo 4**, analogamente aos números reais, as funções também podem ser somadas, subtraídas, multiplicadas e divididas. Sobre esse raciocínio, nesse capítulo, introduzimos um estudo algébrico das funções,

[1]`https://www.geogebra.org/`

através das suas operações algébricas, paridades, composições, monotonicidades e inversibilidade. Destacamos que esse estudo é essencial na manipulação das funções elementares, funções exponenciais, logarítmicas e trigonométricas, pois são essenciais para modelar fenômenos naturais e sociais e são amplamente utilizadas nas disciplinas de cálculo.

No **Apêndice**, oferecemos aos leitores uma variedade de temas complementares que ajudam no entendimento da teoria abordada ao longo do texto. Iniciamos com uma seção dedicada à interpolação de Lagrange, um método amplamente aplicável em funções polinomiais de grande importância. Em seguida, apresentamos uma seção sobre o conceito de funções definidas por partes. Para fins de consulta, no final do apêndice, apresentamos a fórmula de binômio de Newton e uma tabela com as fórmulas de soma e diferença de potências entre dois números reais.

Comentário estrutural: Os livros *Pré-cálculo sem mistérios A e B* formam um material de referência para assuntos abordados tradicionalmente no ensino médio e/ou um curso de pré-cálculo. No volume 1, focamos a apresentação dos conceitos de conjuntos, conjuntos numéricos, funções elementares (funções constantes, lineares, lineares afins, quadráticas, funções potências e polinomiais) e álgebra de funções. No volume 2, direcionamos o estudo para as funções exponenciais, logarítmicas, trigonométricas e suas aplicações.

Gostaríamos de registrar nosso agradecimento aos colaboradores cuja dedicação foi fundamental para a realização deste trabalho. Em especial, agradecemos a Adriana Quintino Sanchez Palacio Tozatti, Historiadora; ao Prof. Dr. Rafael Mestrinheire Hungaro, Matemático; ao Prof. Ricardo Bastos; e ao Prof. Ms. Wilson Guerra, Físico, por suas valiosas contribuições. A todos, nossos sinceros agradecimentos.

Conteúdo

Capítulo 1

Introdução à teoria dos conjuntos

1.1 Conceito e notação

O conceito primitivo de conjuntos surgiu pela necessidade da contagem de objetos sobre uma correspondência entre cada animal (carneiros/porcos/ bodes) dentro de um curral em uma marca ou pedra, usando um registrador (***tally***), ou seja, a base da teoria de conjuntos veio da formação de coleções de animais, pessoas, números ou objetos de qualquer natureza. O primeiro registro de objeto matemático mais antigo conhecido é um osso de lobo que representa um tally encontrado na República Tcheca esculpido com entalhes há mais de 30 mil anos. A representação de um conjunto é feita por letras maiúsculas do **alfabeto latino** $(A, B, C, D, E, \ldots)$. Os objetos que constituem um conjunto são chamados de **elementos do conjunto** e usualmente são representados por letras minúscula do **alfabeto latino**. Um conjunto consiste em escrever seus elementos entre chaves separados por vírgula; chamamos isso de **forma tabular** do conjunto.

Considerando as letras vogais, podemos determinar o conjunto das vogais da seguinte forma:

$$V = \{a, e, i, o, u\}.$$

Também definimos um conjunto determinando as propriedades que seus elementos precisam satisfazer, por exemplo:

$$P = \{x \mid x \text{ é um número par}\}.$$

(P é o conjunto dos elementos x, tais que x é um número par.)

$$I = \{x \mid x \text{ é um número ímpar}\}.$$

(I é o conjunto dos elementos x, tais que x é um número ímpar.)

Chamamos esse formato de **forma de construção de um conjunto**. Observe que a linha vertical "|" é lida "tal que".

Cabe observar que a formalização dessa teoria foi iniciada apenas em 1874 por Georg Ferdinand Ludwig Philipp Cantor[1] (1845-1918). Junto com o trabalho de Richard Dedekind[2] (1831-1916) e Giuseppe Peano[3] (1858-1932), eles mostraram que o sistema dos números naturais pode ser definido em termos de conceitos da teoria dos conjuntos.

Georg Cantor

Richard Dedekind

Giuseppe Peano

Não iremos adotar aqui uma axiomatização da teoria dos conjuntos para não entrarmos em antinomias ou círculos viciosos existentes na teoria geral dos conjuntos. A teoria dos conjuntos de Cantor, que estudaremos, é regida pelo seguinte conceito: "*Por conjunto, entendemos como sendo uma coleção de objetos definidos e distintos de nossa intuição ou de nosso pensamento, e esses objetos são chamados de elementos do conjunto*". Com essa imposição na noção de conjunto ou princípio do círculo vicioso, evitamos antinomias conhecidas na teoria geral dos conjuntos.

1.2 Conjuntos universo, unitário e vazio

Para a construção de alguma teoria matemática, inicialmente temos que determinar o conjunto onde serão desenvolvidos tais estudos. Chamamos esse conjunto de **conjunto universo**, que usualmente denotamos pela letra

[1] `https://mathshistory.st-andrews.ac.uk/Biographies/Cantor`
[2] `https://mathshistory.st-andrews.ac.uk/Biographies/Dedekind`
[3] `https://mathshistory.st-andrews.ac.uk/Biographies/Peano`

U. Fixado um conjunto universo, então definimos os conjuntos com propriedades existentes relacionadas com tal conjunto universo. Por exemplo, os números reais formam o conjunto universo na teoria de cálculo diferencial e integral em uma variável.

Além do conjunto universo, existem outros conjuntos que levam nomes específicos. Por exemplo, um conjunto formado apenas por um elemento é chamado de **conjunto unitário**. Um conjunto que não possui nenhum elemento é chamado de **conjunto vazio** (ou **conjunto nulo**).

Notação: $\emptyset$ ou $\{\}$.

Exemplo 1.1. *Dado o conjunto universo* $U = \{1, 2, 3, 4, 5\}$, $A = \{3\}$ *é um conjunto unitário e* $B = \{x \mid \text{números maiores que } 5\} = \emptyset = \{\}$ *é um conjunto vazio.*

Observação 1.1. *O conjunto* $A = \{\emptyset\}$ *não representa o conjunto vazio, pois o conjunto* A *indica que possui somente como elemento o conjunto vazio, ou seja, o conjunto* A *é um conjunto unitário.*

1.3 Relação de pertinência

Indicamos a relação de pertinência pelos símbolos $\in$ (pertence) e $\notin$ (não pertence). Essa relação se estabelece entre um elemento e um conjunto. Quando um elemento a pertence ao conjunto B, indicamos por $a \in B$. Usualmente, na lógica matemática (e também no trânsito), utilizamos a barra "/" para denotar a negação de um símbolo. Denotamos que um elemento x não pertence a um conjunto B por $x \notin B$. Para determinarmos se um elemento pertence ou não a um determinado conjunto, verificamos se ele está ou não representado no conjunto. O símbolo $\in$ foi estabelecido pelo matemático Giuseppe Peano e é a letra grega épsilon.

Exemplo 1.2. *Dado o conjunto* $B = \{1, 3, a, d\}$, *temos que* $3 \in B$; $2 \notin B$; $c \notin B$ *e* $d \in B$.

1.4 Relação de inclusão (subconjuntos)

Em algumas situações, formamos um conjunto com elementos de um outro conjunto. Quando agrupamos alguns elementos de um conjunto para se formar um novo conjunto, dizemos que formamos um **subconjunto** do conjunto em questão.

Definição 1.1. *Dados os conjuntos A e B, dizemos que o conjunto A é um* ***subconjunto*** *do conjunto B, quando todos os elementos do conjunto A também pertencem ao conjunto B. Essa relação é chamada de* ***relação de inclusão entre conjuntos****. Para expressarmos tal relação, utilizamos os símbolos $\subset$ (está contido) e $\not\subset$ (não está contido).*

Notação:

$$A \subset B \text{ } (A \textit{ está contido em } B),$$

$$A \not\subset B \text{ } (A \textit{ não está contido em } B).$$

Observação 1.2. *A relação de inclusão é somente entre conjuntos. Também denotamos $B \supset A$ (B contém A) para expressarmos $A \subset B$.*

Exemplo 1.3. *Consideramos o conjunto $A = \{2,4,6,8\}$. Os conjuntos $\{2\}$, $\{4\}$, $\{6\}$ e $\{8\}$ são subconjuntos unitários de A. Os conjuntos $\{2,6\}$, $\{4,8\}$ e $\{8,2\}$ são subconjuntos do conjunto A com dois elementos. O conjunto $\{8,4,2\}$ é um subconjunto de A com três elementos.*

Observação 1.3. *Se A não é um subconjunto de B, ou seja, $A \not\subset B$, então deve haver pelo menos um elemento no conjunto A que não seja um elemento do conjunto B.*

Exemplo 1.4. *Dados $A = \{a,b,1\}$, $B = \{a,b,2,1\}$ e $C = \{a,b,c\}$, temos que $A \subset B$, pois $a \in B$, $b \in B$ e $1 \in B$. Por outro lado, $C \not\subset B$ pois $c \notin B$ e, analogamente, podemos verificar que $C \not\subset A$.*

A seguinte proposição garante que o conjunto vazio é o único conjunto que é subconjunto de qualquer conjunto dado.

Proposição 1.1. *O conjunto vazio é um subconjunto de qualquer conjunto dado.*

Demonstração: Suponhamos que o resultado seja falso, ou seja, existe um conjunto A tal que $\emptyset \not\subset A$. Neste caso, existe um elemento $x \in \emptyset$ tal que $x \notin A$, o que é absurdo, pois $\emptyset$ não possui nenhum elemento. □

1.4.1 Relação de igualdade de conjuntos

Dizemos que os conjuntos A e B são iguais, ou idênticos, quando $A \subset B$ e $B \subset A$.

Notação: $A = B$.

Nos próximos três exemplos que iremos apresentar, consideraremos o conjunto universo dos números inteiros. Esse conjunto será estudado com mais detalhes no próximo capítulo.

Exemplo 1.5. *Se* $A = \{2, 4, 8\}$ *e* $B = \{4, 2, 8\}$, *então* $A = B$, *pois* $2, 4, 8 \in A$ *e* $2, 4, 8 \in B$. *A ordem dos elementos não interfere na verificação da igualdade.*

Exemplo 1.6. *Dados* $A = \{1, 2, 3\}$ *e* $B = \{1, 2, 8\}$. *Temos* $A \neq B$, *pois* $3 \notin B$.

Exemplo 1.7. *Sejam os conjuntos*

$$C = \{x \mid x^2 - 1 = 0\},\ D = \{x \mid (x+1)(x-1) = 0\} \text{ e } E = \{1, -1\}.$$

Observemos que $x^2 - 1 = (x-1)(x+1) = 0$ *se, e somente se,* $x = \pm 1$, *assim, temos* $C = D = E$.

1.4.2 Subconjunto definido por uma propriedade

Um símbolo pode representar indistintamente qualquer um dos elementos de um conjunto dado. Esse símbolo recebe o nome de **variável do conjunto**. Por exemplo, seja

$$A = \{0, 1, 2, 3, 4, 5, 6, 7, 8, 9\},$$

a notação $x \in A$ significa que x pode assumir qualquer dos valores 1, 2, 3, 4, 5, 6, 7, 8 ou 9. Portanto, x é uma variável em A.

Os elementos de um conjunto que satisfazem a uma dada propriedade constituem um subconjunto definido por essa propriedade.

Exemplo 1.8. *Seja $A = \{1, 2, 5, 7, 8, 9\}$, temos que*

$$B = \{x \in A \mid x \text{ é par}\} = \{2, 8\};$$

$$C = \{x \in A \mid x \text{ é ímpar}\} = \{1, 5, 7, 9\};$$

$$D = \{x \in A \mid x < 7\} = \{1, 2, 5\}.$$

1.4.3 Subconjunto próprio

Um conjunto é sempre um subconjunto de si mesmo, pois todos os seus elementos estão contidos nele. Porém, se um conjunto B é um subconjunto de um conjunto A e, ao mesmo tempo, B não é igual a A, então dizemos que B é um **subconjunto próprio** de A. Essa distinção é importante, e é comum utilizar a notação $B \subsetneq A$ para indicar que B é um subconjunto próprio de A. Alguns autores, entretanto, acabam adotando a notação $B \subseteq A$ para se referir a qualquer subconjunto de A, sem fazer essa distinção entre subconjuntos próprios e subconjuntos iguais ao conjunto original.

Notação: $B \subsetneq A$ (B é um subconjunto próprio de A).

Exemplo 1.9. *Observemos que o conjunto vazio $\emptyset$ é um subconjunto próprio de qualquer conjunto A não vazio. De fato, da Proposição 1.1, $\emptyset \subset A$ e de A ser não vazio, temos $A \neq \emptyset$. Assim, o conjunto vazio não possui um subconjunto próprio.*

Se um conjunto A é um subconjunto de um conjunto B e esse conjunto B é um subconjunto de outro conjunto C, é natural concluir que A é um subconjunto de C, ou seja, a propriedade de contingência é transitiva. A proposição a seguir verifica essa propriedade.

Proposição 1.2. *Sejam A, B e C conjuntos não vazios. Se $A \subset B$ e $B \subset C$, então $A \subset C$.*

Demonstração: Seja x um elemento de A, ou seja, $x \in A$. Como A é um subconjunto de B, x também pertence a B, isto é, $x \in B$. Mas, por hipótese, $B \subset C$. Assim, qualquer elemento de B, incluindo x, também é um elemento de C. Mostrando que dado qualquer $x \in A$ implica que $x \in C$. Portanto, $A \subset C$. □

1.5 Operações com conjuntos

A partir de dois conjuntos, é possível criar outros conjuntos por meio de operações predeterminadas. Na teoria dos conjuntos, estudamos três operações principais: a **união** (ou **reunião**), a **intersecção** (ou **interseção**) e a **diferença**. É importante notar que essas operações não são as mesmas que as operações aritméticas, mas sim operações que envolvem a combinação e manipulação dos elementos de conjuntos.

1.5.1 União e intersecção

Consideramos a seguinte situação com os seguintes conjuntos:

$$A = \{1, 2, 3, 4, 5\} \text{ e } B = \{3, 4, 5, 6, 7\}.$$

Dos conjuntos A e B, podemos construir um novo conjunto C, reunindo todos os elementos de A com os elementos de B, ou seja,

$$C = \{1, 2, 3, 4, 5, 6, 7\}.$$

O conjunto C é a chamada **união** dos conjuntos A e B. Convencionamos que um mesmo elemento, repetido em ambos os conjuntos, na união ele comparecerá uma única vez. Formalmente a união entre dois conjuntos é dada por:

Definição 1.2. *A **união** (ou **reunião**) dos conjuntos A e B é o conjunto formado pelos elementos de A junto com os elementos de B, ou seja,*

$$A \cup B = \{x \mid x \in A \textit{ ou } x \in B\}.$$

Observação 1.4. *Da definição de união entre conjuntos, podemos afirmar que* $A \subset A \cup B$ *e* $B \subset A \cup B$.

Exemplo 1.10. *Dados os conjuntos* $A = \{2, 4, 8\}$ *e* $B = \{2, 5, 8\}$, *temos que* $A \cup B = \{2, 4, 5, 8\}$, *pois esse é o conjunto que contém todos os elementos de* A *e* B, *sem repetições. De forma similar, podemos calcular a união dos conjuntos* $C = \{7, 10, 13\}$ *e* $D = \{1\}$, *resultando em* $C \cup D = \{10, 13, 1, 7\}$. *Já para o conjunto* $E = \{\pi, \sqrt{2}\}$ *e* $F = \emptyset$ *(o conjunto vazio), temos que* $E \cup F = \{\pi, \sqrt{2}\}$, *pois o conjunto vazio não adiciona nenhum elemento ao conjunto* E.

Exemplo 1.11. *Considerando os conjuntos:*

$$P = \{x \mid x = 4n \text{ com } n \in \mathbb{N}\},$$

$$I = \{x \mid x = 2n + 1 \text{ com } n \in \mathbb{N}\} \text{ e}$$

$$D = \{x \mid x = 8n \text{ com } n \in \mathbb{N}\}.$$

O conjunto $P \cup I \cup M$ *é formado pelos elementos* x *tais que é um número natural múltiplo de* 4 *ou é um número natural ímpar ou é um número natural múltiplo de* 8. *Mas observe que todo número natural múltiplo de* 8 *é um número natural múltiplo de* 4, *assim, podemos escrever*

$$P \cup I \cup M = \{x \mid x = 4n \text{ ou } x = 2n + 1 \text{ com } n \in \mathbb{N}\}.$$

Exemplo 1.12. *Se* $A \cup B = \emptyset$, *então* $A = B = \emptyset$. *De fato, pela Observação 1.4, temos que* $A \subset A \cup B = \emptyset$, *ou seja,* $A \subset \emptyset$. *Como o conjunto vazio está contido em qualquer conjunto (ver Proposição 1.1), podemos afirmar que* $A = \emptyset$. *Analogamente, concluímos que* $B = \emptyset$.

Na lógica matemática o conectivo "ou"possui a propriedade associativa e comutativa. Na próxima proposição temos que as propriedades são demonstradas aplicando somente a definição de união entre conjuntos e as propriedades do conectivo "ou".

Proposição 1.3. *Dados* A, B *e* C *conjuntos não vazios.*

(a) $A \cup B = B \cup A$; *(propriedade comutativa)*

(b) $(A \cup B) \cup C = A \cup (B \cup C)$; *(propriedade associativa)*

(c) $A \cup A = A$, $A \cup \emptyset = A$;

(d) $A \cup B = B$ *se, e somente se,* $A \subset B$.

Demonstração: Exercício. □

Devido à validade da propriedade associativa na união entre conjuntos, podemos realizar a união de vários conjuntos, por exemplo:

$$A \cup B \cup C \cup D = (A \cup B) \cup (C \cup D).$$

O cálculo anterior pode ser feito de diversas maneiras. Por exemplo, usando essa igualdade, calculamos os conjuntos $(A \cup B)$ e $(C \cup D)$ e, em seguida, determinamos a união $(A \cup B) \cup (C \cup D)$.

Exemplo 1.13. *Podemos calcular o conjunto união de* $A = \{a, 2, b, 3, c, 4\}$, $B = \{1, 2, 3, 4\}$, $C = \{a, b, c, d, e\}$ *e* $D = \{1, 2, 5, 6, d, e, f, g\}$ *da seguinte forma: Primeiro, calculamos* $A \cup B = \{1, 2, 3, 4, a, b, c\}$. *Em seguida, tomamos a união deste conjunto com* C, *obtendo*

$$(A \cup B) \cup C = A \cup B \cup C = \{1, 2, 3, 4, a, b, c, d, e\}.$$

Finalmente, calculamos a união deste conjunto com D, *chegando a*

$$(A \cup B \cup C) \cup D = A \cup B \cup C \cup D = \{1, 2, 3, 4, 5, 6, a, b, c, d, e, f, g\}.$$

Retornando aos conjuntos do início desta seção:

$$A = \{1, 2, 3, 4, 5\} \text{ e } B = \{3, 4, 5, 6, 7\},$$

podemos formar um outro conjunto com os elementos em comuns aos dois, ou seja, os elementos que pertencem simultaneamente aos conjuntos A e B. Nesse caso, esse conjunto é

$$C = \{3, 4, 5\}.$$

Dizemos que o conjunto C é a **intersecção** dos conjuntos A e B.

Definição 1.3. *A* ***intersecção*** *(ou* ***interseção****) dos conjuntos A e B é dada por:*

$$A \cap B = \{x \mid x \in A \text{ e } x \in B\}.$$

Quando $A \cap B = \emptyset$ dizemos que os conjuntos A e B são ***disjuntos****.*

Exemplo 1.14. *Dados os conjuntos $A = \{2, 4, 8\}$, $B = \{2, 5, 8\}$, $C = \{3, 2, 1\}$ e $D = \{1\}$. Podemos calcular $A \cap B$ e $C \cap D$ da seguinte forma:*

$$A \cap B = \{2, 8\},$$
$$C \cap D = \{1\}.$$

Agora, considere os conjuntos $E = \{\pi, \sqrt{2}\}$ e $F = \{3, 4\}$. Nesse caso, temos que $E \cap F = \emptyset$, ou seja, os conjuntos E e F não possuem elementos em comum.

Exemplo 1.15. *Recordando que um losango é um paralelogramo com quatro lados de mesma medida e um retângulo é um paralelogramo que tem quatro ângulos retos. Denotando, respectivamente, por L e R os conjuntos dos losangos e dos retângulos, temos:*

$$L = \{x \mid x \text{ é um paralelogramo com 4 lados de mesma medida}\} \text{ e}$$
$$R = \{x \mid x \text{ é um paralelogramo com 4 ângulos retos}\}.$$

A interseção entre esses dois conjuntos é formada pelos elementos que são paralelogramos com 4 lados de mesma medida e com 4 ângulos retos, ou seja, é o conjunto formado pelos quadrados. Em notação de conjuntos, podemos escrever:

$$Q = L \cap R = \{x \mid x \text{ é um quadrado}\}.$$

O conectivo "e" na lógica matemática possui a propriedade de associatividade e comutatividade. As propriedades a seguir são demonstradas aplicando somente a definição de intersecção entre conjuntos e as propriedades do conectivo "e".

Proposição 1.4. *Dados A, B e C conjuntos não vazios.*

(a) $A \cap B = B \cap A$; *(propriedade comutativa)*

(b) $(A \cap B) \cap C = A \cap (B \cap C)$; *(propriedade associativa)*

(c) $A \cap A = A$, $A \cap \emptyset = \emptyset$;

(d) $A \cap B = A$ *se* $A \subset B$.

Demonstração: Exercício. □

De modo análogo ao feito para a união entre conjuntos, a propriedade associativa na intersecção entre conjuntos garante que podemos realizar a intersecção entre mais de dois conjuntos, ou seja, $A \cap B \cap C \cap D = (A \cap B) \cap (C \cap D)$. Para isso, calculamos inicialmente os conjuntos $(A \cap B)$ e $(C \cap D)$ e, em seguida, calculamos $(A \cap B) \cap (C \cap D)$.

Exemplo 1.16. *Considerando os conjuntos*

$$A = \{a, b, c, 4, 5, 6\}, B = \{1, 2, 3, 4, 5, 6, b, c, d, e\},$$

$$C = \{4, 5, 6, 7, 8, 9, a, b, c, d, e\} \text{ e } D = \{0, 1, 2, 3, 4, a, b, c, d\},$$

podemos observar que a interseção entre A *e* B *é o conjunto* $\{b, c, 4, 5, 6\}$. *Em seguida, ao realizarmos a interseção com* C, *obtemos novamente o conjunto* $\{b, c, 4, 5, 6\}$, *ou seja,* $(A \cap B) \cap C = A \cap B \cap C = \{b, c, 4, 5, 6\}$. *Por fim, ao realizarmos a interseção com o conjunto* D, *chegamos ao conjunto* $\{4, b, c\}$, *ou seja,* $(A \cap B \cap C) \cap D = A \cap B \cap C \cap D = \{4, b, c\}$.

Na teoria dos conjuntos, as operações união e intersecção admitem certas similaridades com as operações algébricas adição e multiplicação. Mais precisamente, sabendo que a lei de distributividade é válida para os conetivos "ou" e "e", as propriedades distributivas para conjuntos seguem aplicando as propriedades dos conectivos na definição de cada conjunto.

Proposição 1.5. *Sejam* A, B *e* C *conjuntos, então as propriedades distributivas são válidas, ou seja,*

(a) $A \cup (B \cap C) = (A \cup B) \cap (A \cup C)$;

(b) $A \cap (B \cup C) = (A \cap B) \cup (A \cap C)$.

Demonstração: Exercício. □

As demonstrações das Proposições 1.3, 1.4 e 1.5 ficam a cargo do leitor. Por conveniência, estão disponíveis no link `https://youtu.be/I6p08siZNr8`.

1.5.2 Conjunto diferença

Sejam os conjuntos

$$A = \{0, 1, 3, 4, 5, 6, 8, 9\} \text{ e } B = \{6, 7, 8, 9, 10\}.$$

Observe que o conjunto $\{0, 1, 3, 4, 5\}$, é formado pelos elementos de A "menos" os elementos de B. A formalização desse conceito vem da seguinte definição:

Definição 1.4. *Dados os conjuntos A e B, dizemos que o* ***conjunto diferença*** *entre A e B é o conjunto formado pelos elementos de A que não pertencem ao conjunto B, ou seja,*

$$A - B = A \setminus B = \{x \mid x \in A \text{ e } x \notin B\}.$$

Ambas as notações, "$A - B$" e "$A \setminus B$", são bastantes empregadas em matemática. Neste texto, optamos pela notação $A - B$ para expressarmos a diferença entre A e B.

Exemplo 1.17. *Dados os conjuntos $A = \{3, 2, 1\}$ e $B = \{0, 1, 5\}$, note que $A - B = \{3, 2\}$ e $B - A = \{0, 5\}$. Observe que, em geral, $A - B \neq B - A$. Ou seja, a propriedade comutativa não é válida para a diferença entre conjuntos.*

Exemplo 1.18. *Sejam os conjuntos $A = \{3, 2, 1\}$ e $C = \{4, 5, 6\}$. Então,*

$$A - C = \{3, 2, 1\} = A \text{ e}$$

$$C - A = \{4, 5, 6\} = C.$$

Observe que, com esses dados, não podemos assegurar a seguinte afirmação:

$$A - C = A \text{ então } C = \emptyset.$$

Observação 1.5. *Seja A um conjunto qualquer. Então $A - \emptyset = A$, pois*

$$A - \emptyset = \{x \mid x \in A \text{ e } x \notin \emptyset\}$$

e $x \notin \emptyset$ é uma sentença verdadeira para qualquer elemento do conjunto A.

Observação 1.6. *Dados A e B conjuntos não vazios. Se $A - B = \emptyset$, então $A = B$. De fato, se $A \neq B$, então existe $x \in A$ tal que $x \notin B$, ou seja, $A - B \neq \emptyset$. Aplicando a lei contrapositiva, obtemos o desejado. A hipótese para que os conjuntos sejam não vazios segue do fato de que $\emptyset - B = \emptyset$ para qualquer conjunto $B \neq \emptyset$.*

Exemplo 1.19. *No caso com os conjuntos $A = \{3, 2, 1\}$, $B = \{1, 2, 3\}$ e $C = \{1, 2, 3, 4, 5\}$, temos*

$$A - B = \{x \mid x \in A \text{ e } x \notin B\} = \emptyset \text{ e}$$

$$A - C = \{x \mid x \in A \text{ e } x \notin C\} = \emptyset.$$

A partir desse exemplo, $A - B = A - C$ e $B \neq C$, ou seja, a sentença $A - B = A - C \Rightarrow B = C$ é falsa.

Exemplo 1.20. *Dados os seguintes conjuntos:*

$$A = \{a, b, c, d\}, B = \{b, c, d, e, f\},$$

$$C = \{1, b\}, D = \{2, c, 4, e, f\}, E = \{3, 7, 5, 9\}.$$

Podemos aplicar a operação de diferença entre conjuntos para obter os seguintes resultados:

- $A - B = \{a\}$*: Esse resultado significa que o conjunto resultante da diferença de B em relação a A contém somente o elemento a, pois ele pertence a A, mas não pertence a B.*

- $C - D = \{1, b\}$*: Nesse caso, a diferença entre D e C resulta no conjunto $\{1, b\}$, pois esses elementos pertencem a C, mas não pertencem a D.*

- $E - \{\} = \{3, 7, 5, 9\}$*: A diferença do conjunto vazio com qualquer conjunto resulta no próprio conjunto, pois não há elementos para serem removidos.*

Observação 1.7. *Da Definição 1.4, temos que o conjunto A contém $A - B$ para qualquer conjunto B, ou seja, $A - B \subset A$.*

Observação 1.8. *Os conjuntos $A - B$, $A \cap B$ e $B - A$ são dois a dois disjuntos, ou seja, $(A - B) \cap (A \cap B) = \emptyset$, $(A - B) \cap (B - A) = \emptyset$ e $(B - A) \cap (A \cap B) = \emptyset$.*

1.5.3 Conjunto complementar

Quando a diferença entre dois conjuntos é por meio de um conjunto e um subconjunto deste, essa operação é conhecida como **conjunto complementar**. Mais precisamente,

Definição 1.5. *Dados os conjuntos A e B tais que $A \subset B$, o* ***conjunto complementar*** *de A em relação a B é definido por:*

$$\complement_B^A = B - A = \{x \mid x \in B \text{ e } x \notin A\}.$$

Fixado um conjunto universo U, o **complementar** do conjunto A em relação a U é o conjunto

$$\complement_U^A = A^C = \{x \mid x \in U \text{ e } x \notin A\} = \{x \mid x \notin A\}.$$

Usaremos sempre a notação A^C para representar $\complement_U^A$.

Observação 1.9. *O conjunto diferença entre os conjuntos A e B é igual à intersecção de A com o complementar de B. De fato, $x \in A - B$, se, e somente se, $x \in A$ e $x \notin B$, se, e somente se, $x \in A$ e $x \in B^C$. Portanto, $A - B = A \cap B^C$.*

Exemplo 1.21. *Sejam $A = \{0,1,2,3,4,5,6,7,8,9\}$ e $B = \{2,4,6,8\}$, então*

$$\complement_A^B = \{x \mid x \in A \text{ e } x \notin B\} = \{0,1,3,5,7,9\}.$$

Exemplo 1.22. *Dados $A = \{2,4,6\}$ e $B = \{1,2,5\}$. Note que $B - A = \{1,5\}$. Mas não podemos chamar $B - A$ de conjunto complementar de B em relação a A pois $A \not\subset B$, ou seja, a condição essencial para determinar $\complement_A^B$ é de que $A \subset B$.*

Observação 1.10. *A união de qualquer conjunto A com seu complementar A^C é igual ao conjunto universo, ou seja, $A \cup A^C = U$. Além do mais, o conjunto A e seu complementar são disjuntos, isto é, $A \cap A^C = \emptyset$.*

Observação 1.11. *O complementar do conjunto universo é o conjunto vazio e o complementar do conjunto vazio é o conjunto universo, ou seja, $U^C = \emptyset$ e $\emptyset^C = U$.*

Observação 1.12. *O complementar do conjunto complementar de A é o próprio conjunto A, isto é, $\left(A^C\right)^C = A$.*

1.5.4 Leis de De Morgan

Augustus De Morgan[4] (1806 - 1871) nasceu cego de um olho em Madras, antigo nome da cidade de Chennai, na Índia. Ele estudou no Trinity College, em Cambridge, graduando-se como o quarto Wrangler (distinção máxima em matemática oferecida por Cambridge). Em 1828, tornou-se professor da recém-criada Universidade de Londres, onde exerceu larga influência na matemática inglesa. De Morgan escreveu trabalhos sobre fundamentos da álgebra, cálculo diferencial, lógica e teoria das probabilidades. Na álgebra dos conjuntos, em continuidade ao trabalho de G. Boole, ele obteve um dos resultados mais conhecidos, que chamamos de **leis de De Morgan**.

Augustus De Morgan

As leis de De Morgan são duas fórmulas que relacionam as operações de complemento e intersecção de conjuntos:

Proposição 1.6. ***(Leis de De Morgan)*** *Sejam* $A, B \subset U$. *Então*

(a) $(A \cap B)^C = A^C \cup B^C$;

(b) $(A \cup B)^C = A^C \cap B^C$.

Demonstração: Exercício. □

Para conveniência do leitor, as demonstrações das Leis de De Morgan estão disponíveis no link `https://youtu.be/ldjx6HdcXWg`.

Nos próximos exemplos, apresentaremos algumas propriedades entre conjuntos e modelos de como verificar igualdades sem a necessidade de descrever seus elementos.

[4]`https://mathshistory.st-andrews.ac.uk/Biographies/De_Morgan`

Exemplo 1.23. *Sejam* $A, B \subset U$. *Então*

(a)

$$\begin{aligned} A \cap (B \cap A^C) &= A \cap (A^C \cap B) \\ &= (A \cap A^C) \cap B \\ &= \emptyset \cap B \\ &= \emptyset; \end{aligned}$$

(b)

$$\begin{aligned} (A \cup B) \cap B^C &= (A \cap B^C) \cup (B \cap B^C) \\ &= (A \cap B^C) \cup \emptyset \\ &= A \cap B^C; \end{aligned}$$

(c)

$$\begin{aligned} (A \cup B)^C \cup (A^C \cap B) &= (A^C \cap B^C) \cup (A^C \cap B) \\ &= A^C \cap (B^C \cup B) \\ &= A^C \cap U \\ &= A^C. \end{aligned}$$

Exemplo 1.24. *Sejam* $A, B \subset U$. *Se* $B^C - A^C \neq \emptyset$, *então dado* $x \in B^C - A^C$, *se, e somente se,* $x \in B^C$ *e* $x \notin A^C$, *se, e somente se,* $x \notin B$ *e* $x \in A$, *ou seja,* $x \in A$ *e* $x \notin B$, *se, e somente se,* $x \in A - B$. *Note também que, se* $B^C - A^C = \emptyset$, *então* $A^C = B^C$ *e* $A = B$. *Assim,* $B^C - A^C = A^C - A^C = \emptyset$ *e* $A - B = A - A = \emptyset$. *Portanto,* $B^C - A^C = A - B$.

Exemplo 1.25. *Sejam* $A, B \subset U$. *Se* $(A - B)^C \neq \emptyset$, *então dado* $x \in (A - B)^C$, *se, e somente se,* $x \notin A - B$, *se, e somente se,* $x \notin A$ *ou* $x \in B$, *se, e somente se,* $x \in A^C$ *ou* $x \in B$, *se, e somente se,* $x \in A^C \cup B$. *Se* $(A - B)^C = \emptyset$, *então* $A - B = U$, *ou seja,* $A = U$ *e* $B = \emptyset$. *Note também que* $A^C \cup B = U^C \cup \emptyset = \emptyset \cup \emptyset = \emptyset$. *Portanto,* $(A - B)^C = A^C \cup B$.

Observação 1.13. *Considerando o conjunto das vogais como conjunto universo, dados os conjuntos* $A = \{a, e\}$ *e* $B = \{i\}$, *obtemos que*

$$A^C - B^C \neq (A - B)^C \text{ (Verifique!!!)}.$$

Da Observação 1.9, temos que $A - B = A \cap B^C$. *Como* $A \cap B^C \neq A^C \cup B$, *podemos afirmar que* $(A - B)^C \neq B^C - A^C$.

1.5.5 Diagramas de Venn-Euler

Uma forma simples de representarmos conjuntos é por meio de diagramas. Esses diagramas não servem como recursos para demonstrações de quaisquer resultados, mas podem ser utilizados para "visualizar" um roteiro para efetuar a demonstração. Os **diagramas de Venn-Euler** são re-

John Venn

Leonard Euler

ferências aos matemáticos John Venn[5] (1834-1923) e Leonard Euler[6] (1707-1783). John Venn foi um lógico inglês que empregou tal dispositivo em 1876 no seu artigo sobre sistema lógico de Boole e no livro *Symbolic logic*, de 1894. A referência de Leonard Euler é oriunda de seus estudos de lógica matemática que representavam diferentes conjuntos de objetos por círculos no plano, e por isso esses diagramas eram chamados de círculos de Euler.

Usualmente o conjunto universo U é representado por um retângulo e os conjuntos são representados por regiões circulares sombreadas em seu interior. Quando possível, os elementos de um dado conjunto são descritos no interior da região (circular) correspondente. No entanto, é essencial lembrar que nem sempre é viável descrever todos os elementos de um conjunto. Nesses casos, é possível utilizar outras técnicas de representação, como listas ou descrições formais utilizando a linguagem matemática. É importante destacar que a escolha das formas e cores utilizadas nos diagramas é feita de forma arbitrária e não tem nenhum significado matemático intrínseco. Isso significa que a representação por meio de diagramas é apenas uma forma de visualizar os conjuntos e que a escolha da representação gráfica é feita para tornar a compreensão mais clara, mas não afeta os conceitos matemáticos

[5] https://mathshistory.st-andrews.ac.uk/Biographies/Venn

[6] https://mathshistory.st-andrews.ac.uk/Biographies/Euler

subjacentes.

Exemplo 1.26. *Consideramos o conjunto universo*

$$U = \{0, 1, 2, 3, 4, 5, 6, 7, 8, 9\}$$

e os conjuntos $A = \{0, 4, 8\}$, $B = \{0, 2, 4, 6, 8\}$ *e* $C = \{1, 3, 5, 7, 9\}$. *Na Figura 1.1, representamos os conjuntos em questão por meio do diagrama de Venn-Euler.*

Figura 1.1:

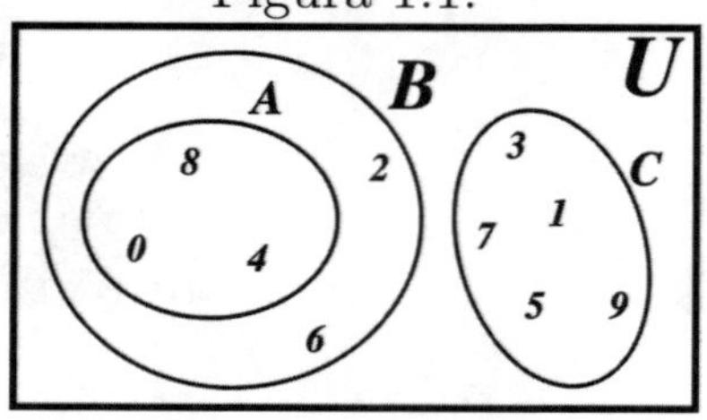

Como $A \subset B$, *a representação do conjunto* A *tem que ser feita no interior da região circular do conjunto* B. *Além disso, as regiões circulares que representam os conjuntos* B *e* C *não se interceptam, visto que* $B \cap C = \emptyset$.

Exemplo 1.27. *Nos diagramas de Venn-Euler da Figura 1.2, temos quatro situações em que as regiões sombreadas representam a união dos conjuntos* A *com* B.

Figura 1.2:

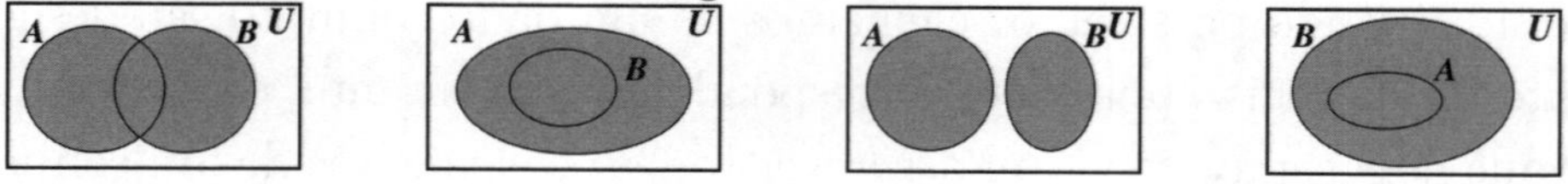

Para representarmos no diagrama de Venn-Euler uma intersecção entre dois conjuntos, devemos sombrear as regiões em comum entre eles. Na Figura 1.3, temos as quatro possíveis representações de intersecções entre os conjuntos A *e* B.

Figura 1.3:

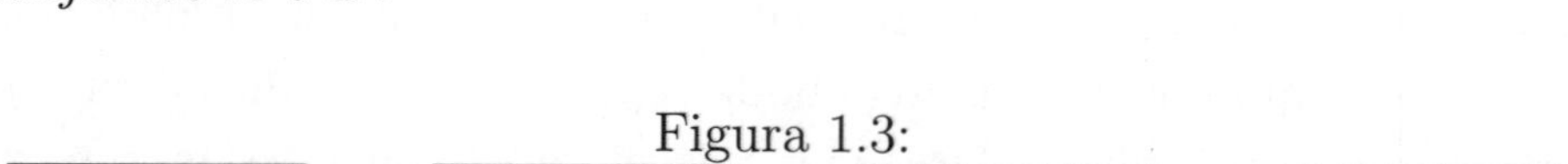

Na representação do conjunto $A - B$ no diagrama de Venn-Euler, sombreamos a região do conjunto A que não é comum com o conjunto B, como ilustrado na Figura 1.4. É importante notar que, no caso em que os conjuntos A e B são disjuntos, temos $A - B = A$. Já no caso em que A é um subconjunto de B, temos $A - B = \emptyset$.

Figura 1.4:

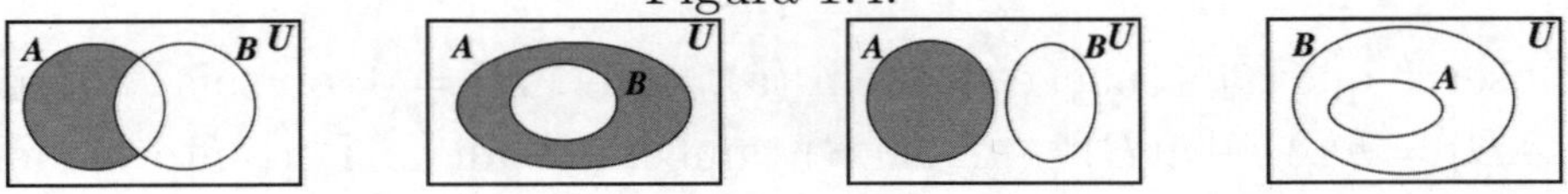

Na representação do conjunto A^C preenchemos toda a região "externa" da região circular correspondente ao conjunto A (ver Figura 1.5).

Figura 1.5:

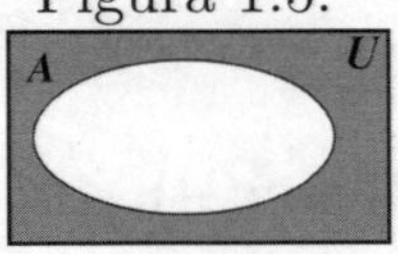

1.5.6 Número de elementos de um conjunto finito

Nesta seção, determinaremos a quantidade de elementos da união de conjuntos. Suponhamos que a quantidade de elementos de um conjunto X possa ser expressa por um número n. Dizemos que X é um **conjunto finito** com n elementos. Caso contrário, dizemos que X é um **conjunto infinito**. Denotaremos por $n(X)$ a quantidade de elementos do conjunto X. Convencionamos que $n(\emptyset) = 0$.

Sejam A e B conjuntos finitos não vazios. Analisaremos as seguintes situações:

(a) Se A e B são disjuntos, então a quantidade de elementos do conjunto $A \cup B$ consiste em contar a quantidade de elementos do conjunto A e somar com a quantidade de elementos do conjunto B, ou seja,

$$n(A \cup B) = n(A) + n(B).$$

(b) Se A e B possuem elementos em comum, então para calcularmos $n(A \cup B)$ somamos a quantidade de elementos de A com a quantidade de elementos de B e subtraímos a quantidade de elementos da intersecção $A \cap B$. Afinal, quando calculamos $n(A) + n(B)$ estamos contando duas vezes a quantidade de elementos comuns aos dois conjuntos, ou seja,

$$n(A \cup B) = n(A) + n(B) - n(A \cap B).$$

Observe que na situação do item (a), $n(A \cap B) = 0$, ou seja, a fórmula $n(A \cup B) = n(A) + n(B) - n(A \cap B)$ também é válida. Portanto, podemos afirmar que

$$n(A \cup B) = n(A) + n(B) - n(A \cap B),$$

para quaisquer conjuntos finitos A e B não vazios.

Para calcularmos $n(A \setminus B)$, precisamos contar a quantidade de elementos do conjunto A menos a quantidade de elementos do conjunto $A \cap B$. Assim, obtemos a seguinte fórmula:

$$n(A \setminus B) = n(A) - n(A \cap B).$$

Observação 1.14. *A partir das fórmulas anteriores, podemos deduzir expressões análogas para o cálculo efetivo de $n(A \cap B)$:*

$$n(A \cap B) = n(A) + n(B) - n(A \cup B) = n(A) - n(A \setminus B).$$

Aplicando essas fórmulas, podemos efetuar o cálculo da quantidade de elementos da união entre 3 conjuntos.

Proposição 1.7. *Sejam A, B e C conjuntos não vazios. Então,*

$$n(A \cup B \cup C) = n(A) + n(B) + n(C) - n(A \cap B) - n(B \cap C) - n(A \cap C) + n(A \cap B \cap C).$$

Demonstração: Exercício. □

Exemplo 1.28. ***(Ecologia)*** *Em um curso de Ecologia, estudantes realizaram uma pesquisa para investigar como alguns fatores de um ambiente interno influenciavam no desenvolvimento das plantas. Eles submeteram algumas plantas aos seguintes fatores: cor da sala, altura em que a planta* *fica ao solo e a ventilação do ambiente. Após o experimento, os estudantes tabularam o número de plantas que apresentavam alguma relação com a planta-controle, que foi exposta em uma condição controlada para ser um parâmetro para as outras plantas do experimento (ver tabela a seguir).*

Fator(es)	*Número de plantas*
C (cor)	*15*
A (altura)	*9*
V (ventilação)	*12*
C e A	*7*
A e V	*5*
V e C	*6*
C , A e V	*4*

(a) *Qual é o número de plantas do experimento?*

(b) *Quantas plantas não tiveram alterações quando expostas ao fator ventilação da sala?*

Solução:

Uma maneira prática de resolvermos tal questão é por meio da representação dos conjuntos pelo diagrama de Venn-Euler (ver Figura 1.6).

Figura 1.6:

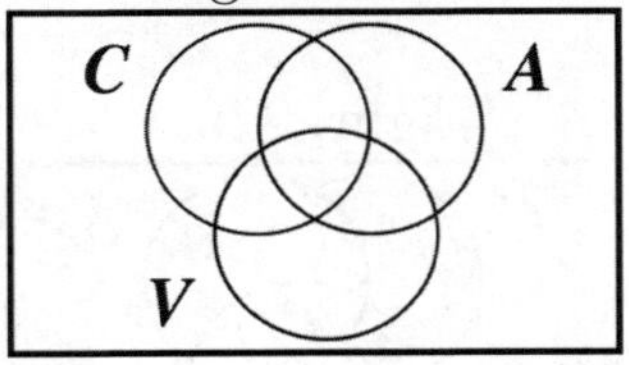

(a) *A fim de calcularmos a quantidade de elementos de cada conjunto, devemos seguir os seguintes passos:*

Indicamos o número de plantas afetadas pela cor, altura e ventilação na região do diagrama que representa a intersecção dos três conjuntos (ver Figura 1.7).

Podemos observar que, dado $n(C \cap A) = 7$ *e* $n(C \cap A \cap V) = 4$, *a quantidade de elementos restantes para descrever na região de* $C \cap A$ *é*

Figura 1.7:

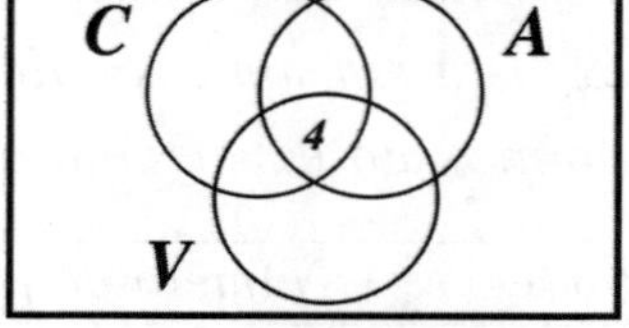

de 3. Utilizando o mesmo raciocínio, obtemos que na região de $V \cap A$ é de 1, enquanto na região de $C \cap V$ há 2 elementos a serem descritos (ver Figura 1.8).

Figura 1.8:

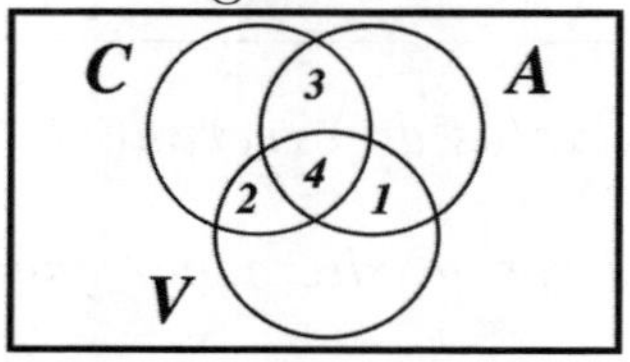

Como $n(C) = 15$, podemos concluir que a quantidade de elementos restantes a ser representada na região do conjunto C é de 8. Analogamente, podemos afirmar que a quantidade de elementos restantes na região do conjunto V é de 5, enquanto na região do conjunto A há apenas 1 elemento a ser representado (ver Figura 1.9).

Figura 1.9:

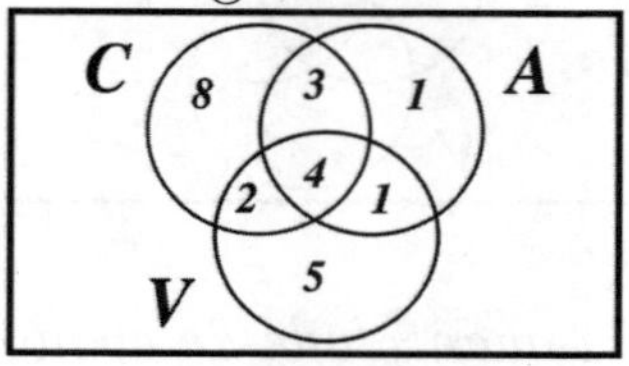

Com base nos dados apresentados e na análise do diagrama de Venn-Euler, podemos concluir que o número total de plantas no experimento é de 24. Isso pode ser obtido somando a quantidade de elementos em cada uma das regiões do diagrama: 8 em $C - A - V$, 3 em $C \cap A$, 1 em $V \cap A$, 2 em $C \cap V$, 4 em $C \cap A \cap V$ e 6 em $A - C - V$, totalizando 24.

(b) *Por fim, ao analisar o diagrama completo, podemos calcular a quantidade de plantas que não apresentaram alterações quando expostas à ventilação, utilizando a fórmula*

$$n\left((A \cup C) - V\right).$$

De acordo com os dados apresentados, temos que $n(A) = 8$, $n(C) = 15$ *e* $n(A \cap C) = 7$, *o que nos permite concluir que*

$$n(A \cup C) = n(A) + n(C) - n(A \cap C) = 16.$$

Subtraindo do valor encontrado a quantidade de plantas afetadas pela ventilação, temos que

$$n\left((A \cup C) - V\right) = 16 - 4 = 12.$$

Portanto, podemos concluir que 12 *plantas não apresentaram mudanças significativas em relação à cor ou altura após o experimento de exposição à ventilação.*

Exemplo 1.29. *Uma universidade tem 1700 alunos, sendo 520 estudantes de Cálculo 1, 400 estudantes de Geometria Analítica e 1034 estudantes que não cursam nenhuma dessas disciplinas. Responda as seguintes perguntas:*

(a) *Quantos alunos estudam Cálculo 1 ou Geometria Analítica?*

(b) *Quantos alunos estudam Cálculo 1 e Geometria Analítica?*

(c) *Quantos alunos estudam Cálculo 1 e não estudam Geometria Analítica?*

Solução:

Para iniciarmos a resolução do problema, é necessário definirmos alguns conjuntos e suas cardinalidades. Sejam C *o conjunto de alunos que estudam Cálculo 1,* G *o conjunto de alunos que estudam Geometria Analítica e* U *o conjunto de todos os alunos da universidade, então podemos afirmar que:*

- $n(C)$ *é o número de alunos que estudam Cálculo 1, ou seja,*

$$n(C) = 520;$$

- *$n(G)$ é o número de alunos que estudam Geometria Analítica, ou seja,*

$$n(G) = 400;$$

- *$n(U)$ é o número total de alunos na universidade, ou seja,*

$$n(U) = 1700;$$

- *$n(C \cup G)$ é o número de alunos que estudam Cálculo 1 ou Geometria Analítica ou ambos, ou seja,*

$$n(C \cup G) = n(C) + n(G) - n(C \cap G);$$

- *$n(C \cap G)$ é o número de alunos que estudam tanto Cálculo 1 quanto Geometria Analítica, ou seja, $n(C \cap G)$ é desconhecido;*

- *$n(C - G)$ é o número de alunos que estudam Cálculo 1 mas não estudam Geometria Analítica, ou seja,*

$$n(C - G) = n(C) - n(C \cap G).$$

(a) *Os alunos que estudam Cálculo 1 ou Geometria Analítica, ou pelo menos uma dessas matérias, correspondem a todos os alunos da universidade, exceto aqueles que não estudam pelo menos uma das duas matérias. Em outras palavras, esses alunos pertencem ao conjunto $C \cup G$, e sua quantidade é:*

$$n(C \cup G) = 1700 - 1034 = 666.$$

(b) *Os alunos que estudam Cálculo 1 e Geometria Analítica são todos aqueles que cursam ambas as disciplinas, exceto aqueles que estudam apenas uma delas, ou seja,*

$$\begin{aligned} n(C \cap G) &= n(C) + n(G) - n(C \cup G); \\ &= 520 + 400 - 666; \\ &= 254. \end{aligned}$$

(c) *Os alunos que estudam Cálculo 1 e não estudam Geometria Analítica são todos os alunos que estudam Cálculo 1, exceto aqueles que estudam Cálculo 1 e Geometria Analítica, ou seja,*

$$\begin{aligned} n(C-G) &= n(C) - n(C \cap G); \\ &= 520 - 254; \\ &= 266. \end{aligned}$$

Observação 1.15. *No presente texto, por uma questão de simplicidade, abordamos apenas conjuntos finitos. No entanto, para um estudo completo e rigoroso do assunto, recomendamos a consulta ao livro de Análise Matemática do professor Elon Lima [20].*

1.6 Conjunto das partes e família de conjuntos

Em muitas situações na matemática, é útil estudarmos o conjunto de todos os subconjuntos de um conjunto dado. Mais precisamente:

Definição 1.6. *Seja A um conjunto. O* ***conjunto das partes de*** *A (ou* ***conjunto potência de*** *A), denotado por $\mathcal{P}(A)$, é o conjunto de todos os subconjuntos de A, ou seja,*

$$\mathcal{P}(A) = \{B \mid B \subset A\}.$$

No contexto da teoria de conjuntos, uma família de conjuntos é um conjunto cujos elementos são também conjuntos. Para evitarmos confusão na notação, costumamos utilizar **letras manuscritas**, como $\mathcal{F}, \mathcal{G}, \mathcal{H}, \ldots$, para representar famílias de conjuntos, uma vez que as letras maiúsculas são utilizadas para representar seus elementos. A análise de famílias de conjuntos é de grande importância na teoria de conjuntos e em várias áreas da matemática, permitindo a generalização de muitos conceitos e resultados em diferentes áreas da matemática, como análise matemática, teoria da medida e topologia.

Observação 1.16. *Sempre que determinamos todos os subconjuntos de um conjunto, é necessário incluir o conjunto vazio, já que a Proposição 1.1 garante que o conjunto vazio é subconjunto de qualquer conjunto. Portanto, podemos afirmar que, para todo conjunto* A, $\mathcal{P}(A) \neq \emptyset$.

Exemplo 1.30. *Da Definição 1.6, se* $A = \emptyset$, *então* $\mathcal{P} = \{\emptyset\}$, *pois o único conjunto que é subconjunto do conjunto vazio é o próprio conjunto vazio.*

Exemplo 1.31. *Consideramos o conjunto* $A = \{a, b, c\}$. *O conjunto das partes de* A *é*

$$\mathcal{P}(A) = \{\emptyset, \{a\}, \{b\}, \{c\}, \{a, b\}, \{a, c\}, \{b, c\}, \{a, b, c\}\}.$$

Exemplo 1.32. *O conjunto* $\mathcal{F} = \{\{a, b\}, \emptyset, \{2, 3\}\}$ *é uma família de conjuntos e seus elementos são* $\{a, b\}, \emptyset$ *e* $\{2, 3\}$.

Observação 1.17. *Sempre é importante destacar que um conjunto que contenha elementos e outros conjuntos simultaneamente não pode ser considerado uma família de conjuntos. Por exemplo,* $\{\{3\}, 2, \{2, 3\}\}$ *não é uma família de conjuntos, já que o elemento 2 não é um conjunto. Essa classe de conjuntos é conhecida como* ***conjunto misto*** *ou* ***conjunto não homogêneo****. É fundamental que se diferenciem esses tipos de conjuntos para garantir a coerência e a precisão na análise de famílias de conjuntos e em outras áreas da matemática.*

O próximo resultado garante uma forma explícita para calcularmos o número de elementos do conjunto das partes de um conjunto dado.

Proposição 1.8. *Se* A *tem* n *elementos, então* $\mathcal{P}(A)$ *tem* 2^n *elementos.*

Demonstração: Relembrando que a combinação de n elementos tomados de p em p é dada pela fórmula

$$\binom{n}{p} = \frac{n!}{p!(n-p)!}.$$

Ou seja, a fórmula fornece o número de subconjuntos distintos de A com p elementos. Assim, se A possui n elementos, então A contém:

(0) $\binom{n}{0} = \dfrac{n!}{0!(n-0)!} = 1$ subconjunto com nenhum elemento;

(1) $\binom{n}{1} = \dfrac{n!}{1!(n-1)!} = n$ subconjuntos com um elemento;

(2) $\binom{n}{2} = \dfrac{n!}{2!(n-2)!} = \dfrac{n(n-1)}{2}$ subconjuntos com dois elementos;

$$\vdots$$

(n-1) $\binom{n}{n-1} = \dfrac{n!}{(n-1)!(1)!} = n$ subconjuntos com $n-1$ elementos;

(n) $\binom{n}{n} = \dfrac{n!}{n!(n-n)!} = 1$ subconjunto com n elementos.

Assim, a quantidade de elementos de $\mathcal{P}(A)$ é

$$\binom{n}{0}+\binom{n}{1}+\binom{n}{2}+\cdots+\binom{n}{n-1}+\binom{n}{n} = \sum_{p=0}^{n}\binom{n}{p}(1)^p(1)^{n-p}.$$

Do binômio de Newton, $\sum_{p=0}^{n}\binom{n}{p}(x)^p(y)^{n-p} = (x+y)^n$, podemos concluir que

$$\sum_{p=0}^{n}\binom{n}{p}(1)^p(1)^{n-p} = (1+1)^n = 2^n.$$

□

Exemplo 1.33. *Se um conjunto A possui:*

- 0 *elementos, então* $\mathcal{P}(A)$ *tem* $2^0 = 1$ *elemento;*
- 1 *elemento, então* $\mathcal{P}(A)$ *tem* $2^1 = 2$ *elementos;*
- 2 *elementos, então* $\mathcal{P}(A)$ *tem* $2^2 = 4$ *elementos;*

- 3 *elementos, então* $\mathcal{P}(A)$ *tem* $2^3 = 8$ *elementos;*
- 4 *elementos, então* $\mathcal{P}(A)$ *tem* $2^4 = 16$ *elementos;*

$$\vdots$$

Teorema 1.1. *Sejam A e B conjuntos quaisquer, então:*

$$A \subset B \Leftrightarrow \mathcal{P}(A) \subset \mathcal{P}(B).$$

Demonstração: Se $A \subset B$, então, dado $E \in \mathcal{P}(A)$, temos que $E \subset A \subset B$, ou seja, $E \in \mathcal{P}(B)$. Por outro lado, se $\mathcal{P}(A) \subset \mathcal{P}(B)$, então, do fato de que $A \in \mathcal{P}(A)$, podemos afirmar que $A \in \mathcal{P}(B)$, ou seja, $A \subset B$. $\square$

Proposição 1.9. *Seja $\mathcal{C}$ uma família qualquer de conjuntos, então*

(a) $\mathcal{P}\left(\bigcap_{A\in\mathcal{C}} A\right) = \bigcap_{A\in\mathcal{C}} \mathcal{P}(A)$; **(b)** $\bigcup_{A\in\mathcal{C}} \mathcal{P}(A) \subset \mathcal{P}\left(\bigcup_{A\in\mathcal{C}} A\right)$.

Demonstração:

(a)

$$B \in \mathcal{P}\left(\bigcap_{A \in \mathcal{C}} A\right) \Leftrightarrow B \subseteq \bigcap_{A \in \mathcal{C}} A;$$

$$B \subseteq \bigcap_{A \in \mathcal{C}} A \Leftrightarrow \forall A \in \mathcal{C}, B \subseteq A;$$

$$\forall A \in \mathcal{C}, B \subseteq A \Leftrightarrow B \in \mathcal{P}(A);$$

$$\forall A \in \mathcal{C}, B \in \mathcal{P}(A) \Leftrightarrow B \in \bigcap_{A \in \mathcal{C}} \mathcal{P}(A).$$

(b)

$$B \in \bigcup_{A \in \mathcal{C}} \mathcal{P}(A) \Leftrightarrow \exists A \in \mathcal{C} \text{ tal que } B \in \mathcal{P}(A);$$

$$\exists A \in \mathcal{C} \text{ tal que } B \in \mathcal{P}(A) \Leftrightarrow B \subseteq A;$$

$$B \subseteq A \Leftrightarrow B \subseteq \bigcup_{A \in \mathcal{C}} A;$$

$$B \subseteq \bigcup_{A \in \mathcal{C}} A \Leftrightarrow B \in \mathcal{P}\left(\bigcup_{A \in \mathcal{C}} A\right).$$

□

Exemplo 1.34. *Considerando os conjuntos* $A = \{a\}$ *e* $B = \{b\}$*, temos:*

$$\mathcal{P}(A \cup B) = \mathcal{P}(\{a, b\}) = \{\emptyset, \{a\}, \{b\}, \{a, b\}\} \quad e$$

$$\mathcal{P}(A) \cup \mathcal{P}(B) = \{\emptyset, \{a\}\} \cup \{\emptyset, \{b\}\} = \{\emptyset, \{a\}, \{b\}\}.$$

Assim, podemos afirmar que $\mathcal{P}(A \cup B) \subset \mathcal{P}(A) \cup \mathcal{P}(B)$ *não é válida, ou seja, a inclusão contrária do item (b) da proposição anterior não é válida.*

1.7 Problemas resolvidos

Problema 1.1. *Sejam* $A = \{x, y, z\}$ *e* $B = \{y\}$. *Justifique quais sentenças são verdadeiras ou falsas.*

(a) $x \in A$; (b) $z \notin B$; (c) $B \subset A$; (d) $B \in A$; (e) $A \supset B$.

Solução:

(a) $x \in A$ *é uma sentença verdadeira, pois* $A = \{x, y, z\}$.

(b) $z \notin B$ *é uma sentença verdadeira, pois o conjunto* B *é um conjunto unitário definido somente pelo elemento* y.

(c) $B \subset A$ *é uma sentença verdadeira, pois* $B = \{y\}$ *e* $y \in A$.

(d) $B \in A$ *é uma sentença falsa, pois o conjunto* B *não é um elemento de* A.

(e) $A \supset B$ *é uma sentença verdadeira, pois é equivalente ao item (c) já verificado.*

Problema 1.2. *Se* $A = \{a, b\}$ *e* $B = \{b, f\}$, *determinar* $\mathcal{P}(A) - \mathcal{P}(B)$.
Solução:
Inicialmente, precisamos calcular $\mathcal{P}(A)$ *e* $\mathcal{P}(B)$. *De fato,*

$$\mathcal{P}(A) = \{\emptyset, \{a\}, \{b\}, A\} \quad e \quad \mathcal{P}(B) = \{\emptyset, \{b\}, \{f\}, B\}.$$

Portanto, $\mathcal{P}(A) - \mathcal{P}(B) = \{\{a\}, A\}$.

Problema 1.3. *Representar em um diagrama de Venn-Euler os conjuntos* A, B, C *e* D *não vazios, onde* $D \subset B$, $A \subset B$, $D \neq A$, $C \subset D \cap A$.

Solução:

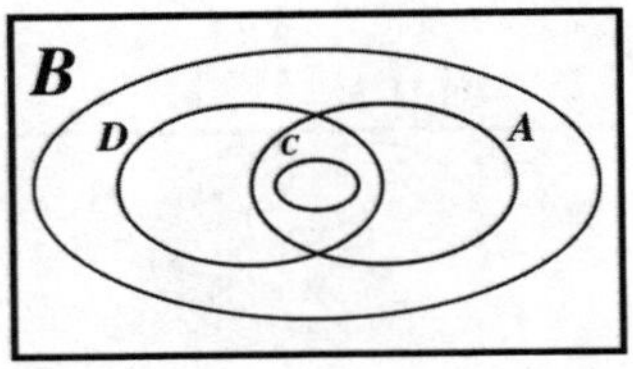

Problema 1.4. *Seja o diagrama de Venn-Euler dado na Figura 1.10. Destaque os seguintes conjuntos:*

(a) $(A \cup B) \cap (A \cup C)$; **(b)** $(A \cap B) \cup (A \cap C)$.

Figura 1.10:

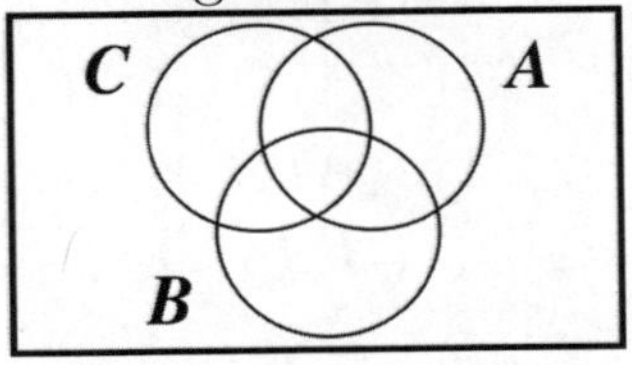

Solução:

(a) Aplicando a Proposição 1.5 item (b) em $(A \cup B) \cap (A \cup C)$, temos:

$$\begin{aligned}
(A \cup B) \cap (A \cup C) &= ((A \cup B) \cap A) \cup ((A \cup B) \cap C)\,; \\
&= ((A \cap A) \cup (A \cap B)) \cup ((A \cap C) \cup (B \cap C))\,; \\
&= (A \cup (A \cap B)) \cup ((A \cap C) \cup (B \cap C))\,; \\
&= (A \cap B) \cup ((A \cap C) \cup (B \cap C))\,; \\
&= ((A \cap B) \cup (A \cap C)) \cup (B \cap C)\,; \\
&= (A \cup (B \cap C)) \cup (B \cap C)\,; \\
&= A \cup ((B \cap C) \cup (B \cap C))\,; \\
&= A \cup (B \cap C)\,.
\end{aligned}$$

Assim, a Figura 1.11 é o resultado esperado.

Figura 1.11:

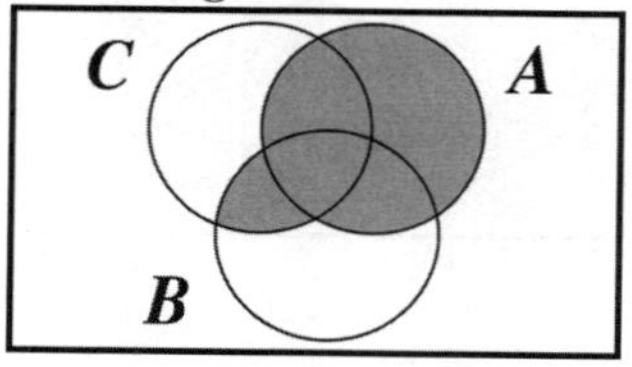

$(A \cup B) \cap (A \cup C)$

(b) Utilizando a Proposição 1.5 item (a) em $(A \cap B) \cup (A \cap C)$, temos:

$$\begin{aligned}
(A \cap B) \cup (A \cap C) &= ((A \cap B) \cup A) \cap ((A \cap B) \cup C)\,; \\
&= ((A \cup A) \cap (A \cup B)) \cap ((A \cup C) \cap (B \cup C))\,; \\
&= (A \cap (A \cup B)) \cap ((A \cup C) \cap (B \cup C))\,; \\
&= A \cap ((A \cup C) \cap (B \cup C))\,; \\
&= (A \cap (A \cup C)) \cap (B \cup C)\,; \\
&= ((A \cap A) \cup (A \cap C)) \cap (B \cup C)\,; \\
&= (A \cup (A \cap C)) \cap (B \cup C)\,; \\
&= A \cap (B \cup C)\,.
\end{aligned}$$

Assim, a Figura 1.12 é o resultado esperado.

Figura 1.12:

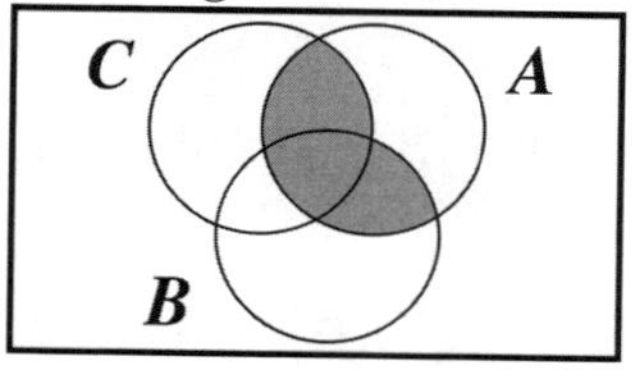

$(A \cap B) \cup (A \cap C)$

1.8 Exercícios propostos

Exercício 1.1. *Mostre que, se A é um subconjunto do conjunto $\emptyset$, então $A = \emptyset$.*

Exercício 1.2. *Determinar todos os subconjuntos do conjunto $\{x, y, z\}$.*

Exercício 1.3. *Sabendo que* $A \subset X$ *e* $B \subset X$*, verifique se é válida a igualdade*

$$\left(A \cup \complement_X^A\right) \cap \left(B \cup \complement_X^B\right) = \emptyset.$$

Exercício 1.4. *Sejam* A, B *e* C *tais que*

$$C - (A \cup B) = \{0,1\} \quad e \quad C \cap (A \cup B) = \{8,9\}.$$

Determine o conjunto C.

Exercício 1.5. *Sejam* A *e* B *possuindo, respectivamente,* 15 *e* 9 *elementos. Sabendo que* 4 *elementos pertencem a* A *e* B*, quantos pertencem a* A *ou* B*?*

Exercício 1.6. *Um conjunto* A *tem* 40 *elementos,* $A \cap B$ *tem* 24 *elementos e* $A \cup B$ *tem* 120 *elementos. Qual é o número de elementos do conjunto* B*?*

Exercício 1.7. *Complete com as simbologias convenientes* $(\in, \notin, \subset, \not\subset)$*:*

(a) e _____ $\{a, e, i, o, u\}$;

(b) $\{e, i\}$ _____ $\{a, e, i, o, u\}$;

(c) $\{u, z\}$ _____ $\{a, e, i, o, u\}$;

(d) w _____ $\{a, e, i, o, u\}$;

(e) $\{c, d\}$ _____ $\{z\}$;

(f) $\{4, 8\}$ _____ $\{2, 4, 6, 8\}$;

(g) $\emptyset$ _____ $\{\alpha, \beta, \gamma, \delta\}$;

(h) $\emptyset^C$ _____ $\{\emptyset\}$.

Exercício 1.8. *Escreva V quando a sentença for verdadeira e F quando for falsa.*

( ) $o \in \{a, e, i, o, u\}$;

( ) $\{i\} \in \{a, e, i, o, u\}$;

( ) $\{1\} \subset \{a, e, i, o, u\}$;

( ) $\{1\} \supset \{a, e, i, o, u\}$;

( ) $\{1, 3\} \supset \{1\}$;

( ) $\emptyset \subset \emptyset$.

Exercício 1.9. *Sejam os conjuntos* $D = \{a, e, i, o, u\}$ *e* $B = \{x, y, z, w, k\}$*. Assinale com V as sentenças verdadeiras e com F as sentenças falsas.*

( ) $a \in D$; ( ) $k \subset B$; ( ) $\{a, e, x\} \subset D$;

( ) $x \in D$; ( ) $\{a, e, u\} \subset D$; ( ) $D \subset B$.

Exercício 1.10. *Sejam A, B e C conjuntos não vazios contidos no universo $U = \{a, b, c, d, e, f, g, h\}$. Determine tais conjuntos sabendo que:*

- $A \cup B \cup C = U$;
- $B \cap C = \{g\}$;
- $A \cap B = \emptyset$;
- $(A \cup B)^C = \{a, d, h\}$;
- $A \cap C = \{e, f\}$;
- $A - C = \{b, c\}$.

Exercício 1.11. *Sendo $A = \{\{1\}, \{2\}, \{1, 2\}\}$, quais são as afirmações verdadeiras?*

(a) $\{1\} \notin A$;

(b) $\{1\} \cap \{2\} \not\subset A$;

(c) $\{1\} \cup \{2\} \in A$;

(d) $\{1\} \subset A$;

(e) $A = \mathcal{P}(\{1, 2\})$;

(f) $\{2\} \in A$.

Exercício 1.12. *Se A e B são conjuntos não vazios e $A \subsetneq B$, então quais são as alternativas corretas? ($\subsetneq$ significa estar contido mas não é igual)*

(a) $A \cup B = B$;

(b) $B \subset A$;

(c) $A \cap B = A$;

(d) $A \cap B = \emptyset$;

(e) $B - A = \emptyset$;

(f) $A - B = \emptyset$.

Exercício 1.13. *Sejam $A = \{a, b, c\}$, $B = \{c, d\}$ e $C = \{a, b, d\}$. Determinar o conjunto X que satisfaz as seguintes condições:*

- $A \cup X = \{a, b, c\}$;
- $B \cup X = \{c, d\}$;
- $C \cup X = A \cup B$.

Exercício 1.14. *Sejam $A = \{1\}$, $B = \{1, 2\}$, $C = \{3, 4\}$, $D = \{1, 2, 3\}$ e $E = \{2, 3, 4\}$, determinar quais são as sentenças falsas e justifique sua resposta:*

(a) $A \subset D$;

(b) $B \subset E$;

(c) $D = E$;

(d) $C \supset D$;

(e) $B \neq C$;

(f) $B \not\subset D$.

Exercício 1.15. *Classifique em verdadeiro ou falso cada uma das seguintes sentenças:*

( ) $0 \in \emptyset$;

( ) $0 \subset \emptyset$;

( ) $\{a\} \subset \emptyset$;

( ) $\{1\} \in \{\{1\}, \emptyset\}$;

( ) $\emptyset \subset \{0, \sqrt{2}\}$;

( ) $\emptyset \subset \{\{2,3\}, \{5,4\}\}$;

( ) $\{5,6\} \subset \{0,1,2,5,6\}$;

( ) $\emptyset \not\subset \{\{1,2\}, \{9,0\}\}$.

Exercício 1.16. *Quais são as sentenças falsas? Justifique sua resposta.*

(a) $A \cup B \subset A \cup B$;

(b) $B \in A \cup B$;

(c) $A \cap B \subset A$;

(d) $A \cap B \subset A \cup B$;

(e) $\emptyset \subset A \cap B$;

(f) $B \subset A \cap B$.

Exercício 1.17. *Sejam $A, B, C, D \subset U$. Mostre que:*

(a) $A \subseteq B$, *se, e somente se,* $A \cap B = A$;

(b) $A \subseteq B^C$, *se, e somente se,* $A \cap B = \emptyset$;

(c) *Se* $A \cup B = \emptyset$, *então* $A = B = \emptyset$;

(d) *Se* $A \subseteq B$, *então* $C - B \subseteq C - A$;

(e) *Se* $A \subset C$ *e* $B \subset D$, *então* $A \cup B \subset C \cup D$;

(f) $A - B \subset B$ *se, e somente se,* $A - B = \emptyset$;

(g) $A = B$ *se, e somente se,* $\mathcal{P}(A) = \mathcal{P}(B)$;

(h) $A \cap B = \emptyset$ *se, e somente se,* $\mathcal{P}(A) \cap \mathcal{P}(B) = \{\emptyset\}$.

Exercício 1.18. *Dados os conjuntos* $A = \{a, b, c\}$, $B = \{b, c, d\}$ *e* $C = \{\}$, *qual das alternativas é verdadeira:*

(a) $(A \cup C) \cap B = A$;

(b) $(A \cap B) \cup C = B$;

(c) $(A \cup B) \cap C = C$;

(d) $(A \cup B) \cup C = \emptyset$;

(e) *nenhuma das alternativas anteriores.*

Exercício 1.19. *Sejam* A *e* B *conjuntos não vazios onde* $A \cap B \neq \emptyset$. *Em cada item faça a representação no diagrama de Venn-Euler:*

(a) $\complement_U^A$;

(b) $(B - A) \cup (A - B)$;

(c) $\complement_U^{A \cup B}$;

(d) $\complement_U^B$;

(e) $A^C - B$.

Exercício 1.20. ***(Saúde)***
No começo do século XX, *o cientista austríaco Karl Landsteiner classificou o sangue humano em quatro tipos: "O, A, B ou AB". Tal sistema ficou conhecido como ABO e classifica os tipos sanguíneos de acordo com os antígenos presentes ou ausentes (A e B) no sangue. Um terceiro antígeno é o Rh. Dizemos que o sangue é Rh-positivo se contém o antígeno Rh, e se não contém chamamos de Rh-negativo. Em um hospital, existem* 100 *pacientes, dos quais* 36 *têm antígeno A;* 32 *têm antígeno B;* 83 *são Rh-positivo;* 11 *têm A e B;* 28 *têm A e Rh;* 27 *têm B e Rh e* 9 *têm todos os três antígenos. Quantos desses pacientes possuem sangue do tipo A-Rh-negativo, B-Rh-negativo e O-Rh-negativo?*

Exercício 1.21. *Represente os conjuntos*

$$A = \{3, 5, 8\},\ B = \{1, 5, 9\} \text{ e } C = \{0, 4, 7, 8, 9\},$$

por meio do diagrama de Venn-Euler, onde o conjunto universo é

$$U = \{0, 1, 2, 3, 4, 5, 6, 7, 8, 9, 10\}.$$

Exercício 1.22. *Dado a Figura 1.13, destaque os seguintes conjuntos:*

(a) $A \cup B$;

(b) $A \cup C$;

(c) $B \cup C$;

(d) $A \cap B$;

(e) $A \cap C$;

(f) $B \cap C$;

(g) $A \cup (B \cap C)$;

(h) $A \cap (B \cup C)$;

(i) $(A \cup B) \cap C$;

(j) $(A \cap B) \cup C$;

(k) $(A \cup B) \cap (A \cup C)$;

(l) $(A \cap B) \cup (A \cap C)$.

Figura 1.13:

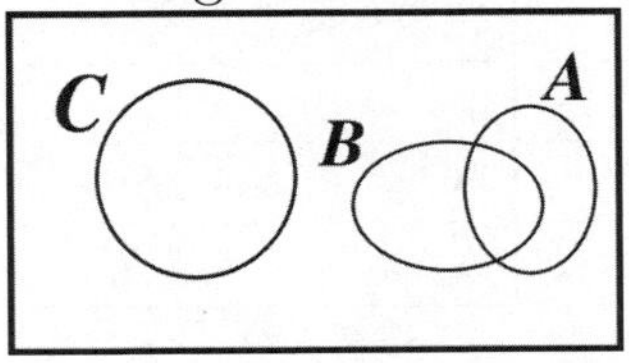

Exercício 1.23. ***(Pesquisa de Satisfação)***
Uma loja de celulares lançou um novo modelo que não teve a repercussão esperada. Os vendedores identificaram 3 possíveis problemas: preço elevado em comparação aos similares concorrentes, aparência do produto e qualidade da câmera. Após uma pesquisa com os clientes, obtiveram o resultado:

Problemas	*Número de votos*
P (preço)	*39*
A (aparência)	*55*
C (câmera)	*40*
P e A	*15*
A e C	*12*
P e C	*14*
P , A e C	*10*
Não opinaram	*22*

(a) *Quantos clientes somente não gostaram da aparência?*

(b) *Quantos clientes somente reclamaram do preço?*

(c) *Quantos clientes estavam somente interessados na qualidade da câmera?*

(d) *Quantos clientes votaram?*

Exercício 1.24. ***(PUC/Campinas-SP, adaptada)***
Em uma comunidade constituída por 1.800 *pessoas, há três programas de TV favoritos: esporte (E), novela (N) e humorismo (H). A seguinte tabela indica quantas pessoas assistem a esses programas:*

Programas	*Número de telespectadores*
E	*400*
N	*1.220*
H	*1.080*
E e *N*	*220*
N e *H*	*800*
E e *H*	*180*
E , *N* e *H*	*100*

Por meio desses dados, verifica-se que o número de pessoas da comunidade que não assistem a qualquer dos três programas é:

(a) 100;

(b) 200;

(c) 900;

(d) 2.700;

(e) *N. A.*

Exercício 1.25. ***(Uespi)***
Sejam A, B *e* C *conjuntos finitos de modo que* C *e* B *são disjuntos. Se* $A \cap C$ *possui* 8 *elementos,* $A - C$ *possui* 24 *elementos e* $A - B$ *possui* 17 *elementos, então o número de elementos de* $A - (B \cup C)$ *é:*

(a) 7;

(b) 9;

(c) 4;

(d) 2;

(e) 1.

Capítulo 2

O conjunto dos números reais

Não sabemos especificamente em que época, civilização ou local surgiu o conceito de número. É comum associarmos a história dos números à necessidade de contagem, conectados a uma coleção de objetos concretos. O surgimento do conceito abstrato de número é comumente associado com a invenção da escrita e datado aproximadamente no quarto milênio antes de Cristo. O conjunto numérico que estudaremos ao longo do livro é o conjunto dos **números reais**.

2.1 Contexto histórico

Inicialmente, representamos os **números naturais** fixando uma reta ordenada, na qual marcamos um ponto na reta e associamos a esse ponto o número 0 (ou origem). Fixando uma medida unitária, marcamos à direita do número zero pontos equidistantes, conforme a figura a seguir:

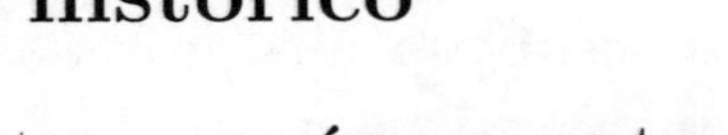

Cada número natural é associado a um ponto em uma reta ordenada. A notação usual para o conjunto dos números naturais é:

$$\mathbb{N} = \{0, 1, 2, 3, 4, 5, 6, 7, 8, 9, 10, \cdots\}.$$

Os **números negativos** foram registrados pela primeira vez em 628 d.C. na obra *BrhmasphudaSidd'hanta* pelo matemático indiano Brahmagupta[1]

[1]`https://mathshistory.st-andrews.ac.uk/Projects/Pearce/chapter-11/`

(598-668), natural de Ujjain, na Índia Central. O matemático François Viète[2] (1540-1603) introduziu os símbolos atuais de +, − e = para representar as operações de adição, subtração e igualdade, respectivamente. No entanto, os matemáticos levaram muito tempo para compreender precisamente os números negativos. No século XVIII, o matemático Colin Maclaurin[3] (1698-1746) tratou das definições de quantidades negativas em seu livro *Tratado da álgebra* (1748), e sua construção rigorosa apareceu no século XIX nos trabalhos dos matemáticos Hermann Hankel[4] (1839-1873), Otto Stolz[5] (1842-1905), Jules Tannery (1848-1910)[6] e Richard Dedekind[7] (1831-1916).

François Viète

Colin Maclaurin

Jules Tannery

Seguindo o mesmo raciocínio utilizado para representar os números naturais, os **números inteiros** podem ser representados em uma reta ordenada, na qual o número zero é o ponto de origem. À direita do zero são representados os números positivos e à esquerda os números negativos.

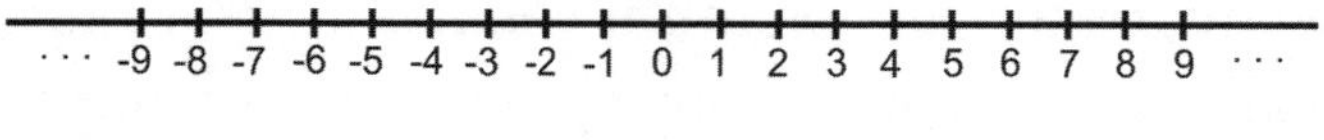

A notação convencional para o conjunto dos números inteiros é dada por:

$$\mathbb{Z} = \{\cdots, -9, -8, -7, -6, -5, -4, -3, -2, -1, 0, 1, 2, 3, 4, 5, 6, 7, 8, 9, \cdots\}.$$

A letra $\mathbb{Z}$ deriva da palavra alemã *Zahlen*, que significa "números". Os números positivos podem ser escritos com ou sem o sinal de + na frente.

[2]https://mathshistory.st-andrews.ac.uk/Biographies/Viete/
[3]https://mathshistory.st-andrews.ac.uk/Biographies/Maclaurin/
[4]https://mathshistory.st-andrews.ac.uk/Biographies/Hankel/
[5]https://mathshistory.st-andrews.ac.uk/Biographies/Stolz/
[6]https://mathshistory.st-andrews.ac.uk/Biographies/Tannery_Jules/
[7]https://mathshistory.st-andrews.ac.uk/Biographies/Dedekind/

Com essa construção, podemos afirmar que o conjunto dos números naturais $\mathbb{N}$ é um subconjunto dos números inteiros, ou seja, $\mathbb{N} \subset \mathbb{Z}$.

O conjunto dos **números racionais** é representado por $\mathbb{Q}$ e consiste em todos os números da forma $\frac{a}{b}$, onde a e b são números inteiros e b é diferente de zero. Em outras palavras, temos que

$$\mathbb{Q} = \left\{x \mid x = \frac{a}{b},\ a, b \in \mathbb{Z} \ e \ b \neq 0\right\}.$$

Essa definição nos permite entender que os números racionais incluem tanto os números inteiros quanto as frações, bem como suas representações decimais periódicas ou finitas.

Os primeiros registros dos **números racionais** surgiram por meio dos egípcios no Império Antigo (2700-2200 a.C.). Naquela época, os egípcios tinham a noção de fração somente para registrar partes da unidade. Para representar as frações $\frac{1}{2}$, $\frac{1}{4}$, $\frac{1}{8}$, $\frac{1}{16}$, $\frac{1}{32}$ e $\frac{1}{64}$, utilizavam notações especiais representadas por hieróglifos conhecidos como "Olho de Hórus"ou "Olho de Wadjet".

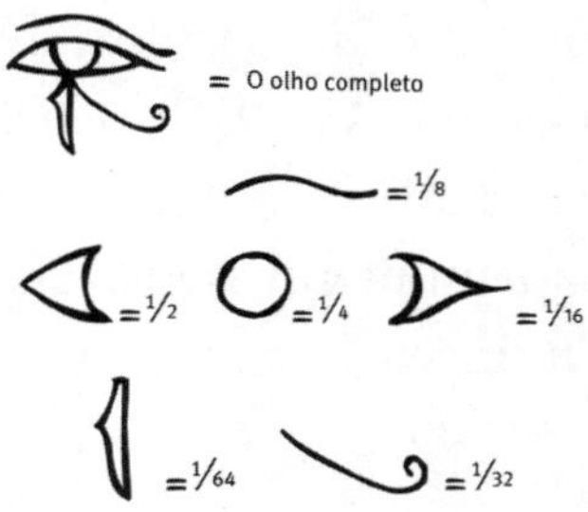

Olho de Hórus

A forma como definimos o conjunto dos números racionais nos permite representar qualquer número inteiro $a \in \mathbb{Z}$ como $\frac{a}{1}$. Portanto, consideramos que o conjunto dos números inteiros $\mathbb{Z}$ é um subconjunto dos números racionais. Como o conjunto dos números naturais é um subconjunto dos inteiros, podemos afirmar que o conjunto dos números naturais é um subconjunto dos números racionais, ou seja, $\mathbb{N} \subset \mathbb{Z} \subset \mathbb{Q}$.

A teoria dos **números irracionais** foi desenvolvida por Eudoxo de Cnido, um matemático grego que viveu por volta de 370 a.C. A sua ideia era representar qualquer grandeza, seja racional ou irracional, como a razão de dois comprimentos. Entretanto, segundo uma lenda, um dos seguidores de Pitágoras, Hipaso de Metaponto, foi o primeiro a afirmar que a diagonal de um quadrado unitário é um número irracional, ou seja, que a raiz quadrada de 2 não pode ser expressa como fração. Por causa disso, a seita pitagórica o puniu com a morte, pois isso feria a crença pitagórica de que o Universo se baseava em números inteiros e frações de números inteiros.

O **conjunto dos números irracionais** é denotado por $\mathbb{I}$ e é composto pelos números que não podem ser expressos como fração de dois números inteiros, mas podem ser representados pela razão de dois comprimentos. Esse conjunto inclui números importantes como $\sqrt{2}$, π e o número de Euler (e). A existência desses números foi descoberta pelos antigos gregos e, desde então, tem sido objeto de estudo e fascínio dos matemáticos, que continuam a investigar suas propriedades e aplicações em diversos campos da ciência e da tecnologia.

Os **números reais** surgiram da necessidade de medir magnitudes, como comprimento, área e volume. A construção rigorosa dos números reais veio em meados do século XIX, graças aos trabalhos dos matemáticos Georg Cantor[8] (1845-1918), Karl Weierstrass[9] (1815-1897) e Richard Dedekind[10] (1831-1916). Cantor, em particular, foi o primeiro a utilizar o símbolo $\mathbb{R}$ para os números reais. O conjunto dos números reais é formado pela união dos números racionais e dos números irracionais, ou seja, $\mathbb{R} = \mathbb{Q} \cup \mathbb{I}$.

Karl Weierstrass

2.2 Operações aritméticas

A partir de dois números reais a e b, é possível obter outros números reais por meio das **operações aritméticas** de **adição** ($+$) e **multiplicação**

[8]https://mathshistory.st-andrews.ac.uk/Biographies/Cantor/

[9]https://mathshistory.st-andrews.ac.uk/Biographies/Weierstrass/

[10]https://mathshistory.st-andrews.ac.uk/Biographies/Dedekind/

$(\cdot)$. Essas operações obedecem a um axioma fundamental, conhecido como **axioma da completude** ou **propriedade de Dedekind**.

Axioma 2.1. ***(Axioma da completude)*** *Para todo $a, b \in \mathbb{R}$, existe um único número real $c \in \mathbb{R}$ tal que:*

(a) *$a + b = c$, chamado de **adição** (ou soma) de a e b;*

(b) *$a \cdot b = c$, chamado de **multiplicação** (ou produto) de a e b.*

As operações aritméticas devem obedecer ao seguinte axioma:

Axioma 2.2. ***(Axioma das operações aritméticas)*** *As operações de $+$ (adição) e $\cdot$ (multiplicação) no conjunto dos números reais obedecem às seguintes propriedades:*

Comutatividade: *Dados $a, b \in \mathbb{R}$, então*

$$a + b = b + a \quad e \quad a \cdot b = b \cdot a.$$

Associatividade: *Sejam $a, b, c \in \mathbb{R}$. Então*

$$a + (b + c) = (a + b) + c \quad e \quad a \cdot (b \cdot c) = (a \cdot b) \cdot c.$$

Distributividade: *Sejam $a, b, c \in \mathbb{R}$. Então*

$$a \cdot (b + c) = a \cdot b + a \cdot c.$$

Elemento neutro da adição: *Existe um único número real denotado por 0 tal que $a + 0 = a$ para todo $a \in \mathbb{R}$.*

Elemento neutro da multiplicação: *Existe um único número real denotado por 1 tal que $a \cdot 1 = a$ para todo $a \in \mathbb{R}$.*

Simétrico: *Para todo $a \in \mathbb{R}$, existe um **elemento simétrico** (de a) denotado por $-a$ tal que $a + (-a) = 0$.*

Inverso: *Para todo $a \in \mathbb{R}$ com $a \neq 0$, existe um elemento chamado de **inverso** (de a) denotado por $\frac{1}{a}$ tal que $\dfrac{1}{a} \cdot a = 1$.*

Quando não houver ambiguidade, é possível representar a multiplicação de dois elementos a e b por meio da justaposição ab.

Com base nas operações fundamentais de adição e multiplicação, é possível estabelecer as operações de **subtração** e **divisão**:

Subtração

$$a - b = a + (-b).$$

Divisão ou fração

$$\text{Para } b \neq 0; \quad \frac{a}{b} = a \cdot \frac{1}{b} = a \div b.$$

Observação 2.1. *A notação* $\div$ *é usualmente usada em calculadoras, questões de vestibulares e concursos.*

Observação 2.2. *Das operações aritméticas temos:*

(a) *A operação de subtração entre* a *e* b *é o mesmo que somar* a *com o simétrico de* b*. A divisão de* a *por* b *é o mesmo que multiplicar* a *pelo inverso de* b*. Como* 0 *não possui um inverso,* ***não é possível efetuar divisões por*** 0.

(b) *Observe que, para todo* $a \in \mathbb{R}$*, temos* $a = a \cdot 1 = a \cdot \frac{1}{1} = \frac{a}{1}$.

(c) *A fração de quaisquer dois números reais continua sendo um número real, e a comparação entre duas frações de números reais é dada por*

$$\frac{a}{b} = \frac{c}{d} \Leftrightarrow ad = bc \text{ onde } a, c \in \mathbb{R} \text{ e } b, d \in \mathbb{R}^*.$$

A utilização dos símbolos numéricos indo-arábicos que utilizamos atualmente teve origem na obra intitulada *Liber Abbaci*, publicada em 1202 pelo matemático Leonardo de Pisa[11] (1175-1250), também conhecido como "Fibonacci", que significa "filho de Bonaccio".

Leonardo de Pisa

Robert Recorde

Robert Recorde[12] (1510-1558) foi um médico e matemático galês, autor de textos em diversas áreas como astronomia, geometria, medicina e álgebra.

[11] `https://mathshistory.st-andrews.ac.uk/Biographies/Fibonacci/`

[12] `https://mathshistory.st-andrews.ac.uk/Biographies/Recorde/`

Em sua obra *The whetstone of Witte*, publicada em 1557, ele utilizou pela primeira vez o moderno símbolo de igualdade. Recorde justificou a adoção de um par de segmentos retos paralelos como símbolo da igualdade (=) alegando que "não pode haver duas coisas mais iguais".

Observação 2.3. ***(Precedência das operações aritméticas)***

Nas operações aritméticas, priorizamos da esquerda para a direita, onde inicialmente efetuamos as operações de multiplicação e divisão para em seguida calcularmos as somas e subtrações. Por exemplo,

$$12 + 5 \cdot 4 - 8 \div 2 = 12 + 20 - 4 = 28.$$

Na existência de parênteses na expressão, devemos inicialmente efetuar o cálculo no interior dos parênteses seguindo a prioridade citada. Por exemplo,

$$4 \cdot (3 - (2 \div 2 + 1)) = 4 \cdot (3 - (1 + 1)) = 4 \cdot (3 - 2) = 4 \cdot 1 = 4.$$

Se não tivéssemos os parênteses nesse exemplo, os cálculos seguiriam da seguinte forma:

$$4 \cdot 3 - 2 \div 2 + 1 = 12 - 1 + 1 = 12.$$

Outra situação em que devemos tomar cuidado:

$$200 \cdot 4 \div 2 = 800 \div 2 = 400 \text{ e } 200 \cdot (4 \div 2) = 200 \cdot 2 = 100.$$

Para uma formalização das operações dos números reais, ver [12].

2.3 Propriedades aritméticas

A partir dos axiomas das operações aritméticas, demonstraremos algumas propriedades.

Proposição 2.1. *Sejam $a, b \in \mathbb{R}$. Então*

(a) $a \cdot 0 = 0$;

(b) $a + b = 0 \Rightarrow b = -a$;

(c) $a \cdot b = 0 \Rightarrow a = 0$ *ou* $b = 0$.

Demonstração:

(a) Pelo axioma do elemento neutro, podemos afirmar que $0 + 1 = 1$. Ao multiplicar essa igualdade por um número real a, obtemos

$$a \cdot (0 + 1) = a \cdot 1;$$

$$a \cdot 0 + a \cdot 1 = a \cdot 1.$$

Utilizando o elemento neutro para a multiplicação, temos que

$$a \cdot 0 + a = a,$$

o que nos permite somar $-a$ em ambos os lados da igualdade e obter

$$a \cdot 0 + a + (-a) = a + (-a).$$

A ordem da soma não interfere no resultado final, portanto, podemos escrever

$$a \cdot 0 + (a + (-a)) = a + (-a);$$

$$a \cdot 0 + 0 = 0;$$

$$a \cdot 0 = 0.$$

(b) Somando o simétrico de a em ambos os lados da igualdade $a + b = 0$, temos

$$(-a) + (a + b) = -a + 0.$$

Utilizando associatividade e o elemento neutro, chegamos a

$$b = (-a + a) + b = -a.$$

(c) Sem perda de generalidade, podemos assumir que $a \neq 0$. Utilizando o axioma do inverso e multiplicando ambos os lados da igualdade $ab = 0$ pelo inverso de a, podemos reescrever a expressão como

$$\frac{1}{a} \cdot (ab) = \frac{1}{a} \cdot 0.$$

Por meio da associatividade, inverso e do item (a), chegamos a

$$b = \left(\frac{1}{a} \cdot a\right) b = \frac{1}{a} \cdot 0 = 0.$$

□

As seguintes propriedades podem ser demonstradas utilizando o axioma das operações aritméticas e a Proposição 2.1. Deixaremos como exercício para o leitor aprimorar sua habilidade em linguagem matemática.

Proposição 2.2. *Sejam* $a, b, c \in \mathbb{R}$. *Então*

(a) $-(-a) = a$;

(b) $-(a + b) = -a - b$;

(c) $(-a)b = -ab$;

(d) $(-1)a = -a$;

(e) $(-a)(-b) = ab$;

(f) $a + b = a + c \Rightarrow b = c$;

(g) $ab = 1 \Rightarrow b = \dfrac{1}{a}$;

(h) $ab = ac \Rightarrow a = 0$ *ou* $b = c$.

Demonstração: Exercício □

A seguir, apresentamos uma lista de proposições que envolvem frações de números reais.

Proposição 2.3. *Dados* $a, b, c, d \in \mathbb{R}$ *com* $b, d \neq 0$. *São válidas as seguintes igualdades:*

(a) ***Soma de frações com mesmo denominador:***

$$\frac{a}{b} + \frac{c}{b} = \frac{a + c}{b};$$

(b) ***Soma de frações:***

$$\frac{a}{b} + \frac{c}{d} = \frac{a}{b}\left(\frac{d}{d}\right) + \frac{c}{d}\left(\frac{b}{b}\right) = \frac{ad}{bd} + \frac{cb}{db} = \frac{ad + cb}{bd};$$

(c) ***Subtração de frações:***

$$\frac{a}{b} - \frac{c}{d} = \frac{a}{b}\left(\frac{d}{d}\right) - \frac{c}{d}\left(\frac{b}{b}\right) = \frac{ad}{bd} - \frac{cb}{db} = \frac{ad - cb}{bd};$$

(d) ***Multiplicação de frações:***

$$\left(\frac{a}{b}\right)\left(\frac{c}{d}\right) = \frac{ac}{bd};$$

(e) ***Divisão de frações:*** *Se* $c \neq 0$,

$$\frac{\left(\frac{a}{b}\right)}{\left(\frac{c}{d}\right)} = \left(\frac{a}{b}\right)\left(\frac{d}{c}\right);$$

(f) ***Cancelamento de fatores iguais:*** *Se* $a, b, c, d \in \mathbb{R}^*$,

$$\frac{ab}{ac} = \frac{b}{c} \quad e \quad \frac{ab + ac}{ad} = \frac{a(b+c)}{ad} = \frac{b+c}{d}.$$

Demonstração:

(a) De fato, como

$$\begin{aligned} \left(\tfrac{a}{b} + \tfrac{c}{b} - \tfrac{a+c}{b}\right) \cdot b &= \tfrac{a}{b} \cdot b + \tfrac{c}{b} \cdot b - \tfrac{a+c}{b} \cdot b; \\ &= a + c - (a + c); \\ &= 0, \end{aligned}$$

e sabendo que $b \neq 0$, podemos afirmar que

$$\begin{aligned} \frac{a}{b} + \frac{c}{b} - \frac{a+c}{b} &= 0; \\ \frac{a}{b} + \frac{c}{b} &= \frac{a+c}{b}. \end{aligned}$$

(b) Essa propriedade é obtida pela aplicação sucessiva do axioma do elemento neutro para multiplicação, da definição de divisão para números reais, da associatividade e da comutatividade. Em outras palavras, temos:

$$
\begin{aligned}
\frac{a}{b}+\frac{c}{d}=\left(\frac{a}{b}\cdot 1\right)+\left(\frac{c}{d}\cdot 1\right) &= \frac{a}{b}\left(\frac{d}{d}\right)+\frac{c}{d}\left(\frac{b}{b}\right);\\
&= \frac{a}{b}\cdot\left(d\cdot\frac{1}{d}\right)+\frac{c}{d}\cdot\left(b\cdot\frac{1}{b}\right);\\
&= \left(\frac{a}{b}\cdot d\right)\cdot\frac{1}{d}+\left(\frac{c}{d}\cdot b\right)\cdot\frac{1}{b};\\
&= \left(\frac{1}{b}\cdot a\cdot d\right)\cdot\frac{1}{d}+\left(\frac{1}{d}\cdot c\cdot b\right)\cdot\frac{1}{b};\\
&= \left(\frac{1}{b}\cdot ad\right)\cdot\frac{1}{d}+\left(\frac{1}{d}\cdot cb\right)\cdot\frac{1}{b};\\
&= \frac{ad}{b}\cdot\frac{1}{d}+\frac{cb}{d}\cdot\frac{1}{b};\\
&= \frac{ad}{bd}+\frac{cb}{db};\\
&= \frac{ad}{bd}+\frac{cb}{bd};\\
&= \frac{ad+cb}{bd}.
\end{aligned}
$$

(c) Análogo ao item anterior. Vale ressaltar que

$$-\frac{c}{d}=\frac{-c}{d}=\frac{c}{-d}.$$

(d) Como $bd \neq 0$, temos

$$\left(\frac{a}{b}\right)\left(\frac{c}{d}\right)=\left(\frac{a}{b}\right)\left(\frac{c}{d}\right)(1)=\left(\frac{a}{b}\right)\left(\frac{c}{d}\right)\left(\frac{bd}{bd}\right).$$

Aplicando a definição de fração, associatividade e comutatividade, obtemos que

$$\begin{aligned}
\left(\frac{a}{b}\right)\left(\frac{c}{d}\right)\left(\frac{bd}{bd}\right) &= \left(a\cdot\frac{1}{b}\right)\left(c\cdot\frac{1}{d}\right)\left(bd\cdot\frac{1}{bd}\right);\\
&= \left(ac\cdot\frac{1}{bd}\right)\left(b\cdot\frac{1}{b}\right)\left(d\cdot\frac{1}{d}\right);\\
&= \frac{ac}{bd}.
\end{aligned}$$

(e) Sabendo que $b, c, d \in \mathbb{R}^*$, temos

$$\frac{\left(\frac{a}{b}\right)}{\left(\frac{c}{d}\right)} = \frac{\left(\frac{a}{b}\right)}{\left(\frac{c}{d}\right)}(1) = \frac{\left(\frac{a}{b}\right)}{\left(\frac{c}{d}\right)}\left(\frac{\left(\frac{d}{c}\right)}{\left(\frac{d}{c}\right)}\right).$$

Aplicando o item anterior,

$$\frac{\left(\frac{a}{b}\right)}{\left(\frac{c}{d}\right)}\left(\frac{\left(\frac{d}{c}\right)}{\left(\frac{d}{c}\right)}\right) = \frac{\left(\frac{a}{b}\right)\left(\frac{d}{c}\right)}{\left(\frac{c}{d}\right)\left(\frac{d}{c}\right)}.$$

Observe que

$$\left(\frac{c}{d}\right)\left(\frac{d}{c}\right) = c\cdot\frac{1}{d}\cdot d\cdot\frac{1}{c} = c\cdot 1\cdot\frac{1}{c} = c\cdot\frac{1}{c} = 1.$$

Assim,

$$\frac{\left(\frac{a}{b}\right)\left(\frac{d}{c}\right)}{\left(\frac{c}{d}\right)\left(\frac{d}{c}\right)} = \frac{\left(\frac{a}{b}\right)\left(\frac{d}{c}\right)}{1} = \left(\frac{a}{b}\right)\left(\frac{d}{c}\right).$$

(f) Da propriedade de multiplicações de frações, temos

$$\frac{ab}{ac} = \left(\frac{a}{a}\right)\left(\frac{b}{c}\right) = \frac{b}{c}.$$

O segundo caso segue aplicando a distributividade e em seguida o primeiro caso.

□

Exemplo 2.1. *A seguir, apresentaremos alguns cálculos detalhados:*

- $\dfrac{4}{3}+\dfrac{2}{3}=\dfrac{4+2}{3}=\dfrac{6}{3}=2;$
- $\dfrac{2}{5}-\dfrac{1}{2}=\dfrac{2}{5}\left(\dfrac{3}{3}\right)-\dfrac{1}{3}\left(\dfrac{5}{5}\right)=\dfrac{6}{15}-\dfrac{5}{15}=\dfrac{6-5}{15}=\dfrac{1}{15};$
- $\left(\dfrac{7}{3}\right)\left(\dfrac{2}{5}\right)=\dfrac{7\cdot 2}{3\cdot 5}=\dfrac{14}{15};$
- $\dfrac{\left(\frac{1}{2}\right)}{\left(\frac{3}{5}\right)}=\left(\dfrac{1}{2}\right)\left(\dfrac{5}{3}\right)=\dfrac{1\cdot 5}{3\cdot 2}=\dfrac{5}{6}.$

2.4 Desigualdades

Por meio da operação algébrica da soma, podemos definir os conceitos de **desigualdades estritas** ($<$, $>$) e **desigualdades não estritas** ($\leq$, $\geq$) em $\mathbb{R}$. Esses conceitos estabelecem uma relação de ordem e, para afirmarmos que um número real é maior ou menor do que outro, temos que introduzir o **axioma da ordem nos números reais**.

Axioma 2.3. *(**Axioma de ordem**) No conjunto dos números reais, existe um subconjunto denominado de **conjunto dos números positivos**, denotado por $P \subset \mathbb{R}$, que satisfaz as seguintes propriedades:*

(a) *Dado $a \in \mathbb{R}$, ocorre exatamente uma das três afirmações: $a = 0$ ou $a \in P$ ou $-a \in P$;*

(b) *a soma de dois números positivos é um número positivo;*

(c) *o produto de dois números positivos é um número positivo.*

A partir do axioma da ordem, podemos definir números negativos.

Definição 2.1. *Dizemos que um número real a é **negativo** se, e somente se, $-a$ é um número positivo.*

A desigualdade estrita entre números reais é definida da seguinte forma:

Definição 2.2. *Dados* $a, b \in \mathbb{R}$.

(a) $a < b$ *se, e somente se,* $b - a$ *é positivo;*

(b) $a > b$ *se, e somente se,* $a - b$ *é positivo.*

Notação:

$a \leq b$ se, e somente se, $a < b$ ou $a = b$;
$a \geq b$ se, e somente se, $a > b$ ou $a = b$.

A próxima proposição apresenta como as desigualdades na forma estrita se comportam em relação às operações de soma e multiplicação. Essas propriedades também são válidas para as desigualdades não estritas.

Proposição 2.4. *Dados* $a, b, c, d \in \mathbb{R}$*:*

(a) *Se* $a > b$ *e* $b > c$*, então* $a > c$.

(b) *Se* $a > b$ *e* $c > 0$*, então* $a \cdot c > b \cdot c$.

(c) *Se* $a > b$ *e* $c < 0$*, então* $a \cdot c < b \cdot c$.

(d) *Se* $a \neq 0$*, então* $a^2 > 0$.

(e) *Se* $a > b$*, então* $a + c > b + c$ *para todo* $c \in \mathbb{R}$.

(f) *Se* $a > b$ *e* $c > d$*, então* $a + c > b + d$.

(g) *Se* $a > b$ *e* $c > d > 0$*, então* $a \cdot c > b \cdot d$.

Demonstração:

(a) Por hipótese, $a > b$ e $b > c$. Daí, $a - b$ e $b - c$ são números positivos. Usando o item 2 do axioma da ordem, $(a - b) + (b - c)$ é um número positivo, ou seja,

$$(a - b) + (b - c) = a + (-b + b) - c = a + 0 - c = a - c$$

é um número positivo, obtendo que $a > c$.

(b) Por hipótese, $a > b$. Assim, $a - b > 0$. Como $a \cdot c - b \cdot c = (a - b) \cdot c$, pelo item 3 do axioma da ordem, podemos afirmar que $(a - b) \cdot c > 0$, ou seja, $a \cdot c - b \cdot c > 0 \Rightarrow a \cdot c > b \cdot c$.

As demais demonstrações são deixadas a cargo do leitor. □

Observação 2.4. *Com o objetivo de simplificar a notação de determinados subconjuntos de conjuntos numéricos, é comum utilizar os símbolos* $*$, $+$ *e* $-$ *para denotar, respectivamente, que o elemento* 0 *não pertence ao conjunto, que o conjunto é composto apenas por números positivos e que o conjunto é composto apenas por números negativos. Mais especificamente:*

Notação:

$$\mathbb{N}^* = \mathbb{N} - \{0\},\ \mathbb{Z}^* = \mathbb{Z} - \{0\},\ \mathbb{Q}^* = \mathbb{Q} - \{0\}\ \text{ e } \mathbb{R}^* = \mathbb{R} - \{0\}.$$

$$\mathbb{Z}_+ = \{x \in \mathbb{Z} \mid x \geq 0\},\ \mathbb{Q}_+ = \{x \in \mathbb{Q} \mid x \geq 0\}\ \text{e } \mathbb{R}_+ = \{x \in \mathbb{R} \mid x \geq 0\}.$$

$$\mathbb{Z}_- = \{x \in \mathbb{Z} \mid x \leq 0\},\ \mathbb{Q}_- = \{x \in \mathbb{Q} \mid x \leq 0\}\ \text{e } \mathbb{R}_- = \{x \in \mathbb{R} \mid x \leq 0\}.$$

$$\mathbb{Z}_+^* = \{x \in \mathbb{Z} \mid x > 0\},\ \mathbb{Q}_+^* = \{x \in \mathbb{Q} \mid x > 0\}\ \text{e } \mathbb{R}_+^* = \{x \in \mathbb{R} \mid x > 0\}.$$

$$\mathbb{Z}_-^* = \{x \in \mathbb{Z} \mid x < 0\},\ \mathbb{Q}_-^* = \{x \in \mathbb{Q} \mid x < 0\}\ \text{e } \mathbb{R}_-^* = \{x \in \mathbb{R} \mid x < 0\}.$$

2.5 Potências

2.5.1 Potência de expoente inteiro não negativo

As potências são fundamentais para a representação de números extremamente pequenos, como a largura de uma cadeia de DNA, que possui aproximadamente 2,4 nanômetros, o que equivale a $2,4 \cdot 10^{-9}\ m$. Além disso, as potências são utilizadas para expressar números extremamente grandes, como a velocidade da luz no vácuo, que é de aproximadamente 300.000.000 m/s, e pode ser representada por $3 \cdot 10^8\ m/s$.

Definição 2.3. *Dado* $a \in \mathbb{R}$ *e* $n \in \mathbb{N}$, *não simultaneamente nulos, definimos a* ***potência enésima*** *de* a *como sendo o produto de* n *fatores iguais a* a, *ou seja,*

$$a^n = \underbrace{a \cdot a \cdot \ldots \cdot a}_{n\ \textit{fatores}}.$$

*Chamamos a de **base** e n de **expoente**.*

Proposição 2.5. *Sejam $a, b \in \mathbb{R}$ e $m, n \in \mathbb{N}$. Então:*

(a) $a^m \cdot a^n = a^{m+n}$;

(b) $(a \cdot b)^n = a^n \cdot b^n$;

(c) $(a^m)^n = a^{m \cdot n}$;

(d) $\left(\frac{a}{b}\right)^n = \frac{a^n}{b^n}, \quad (b \neq 0)$.

Demonstração:

(a)

$$
\begin{aligned}
a^m \cdot a^n &= (\underbrace{a \cdot a \cdot \ldots \cdot a}_{\textbf{m fatores}}) \cdot (\underbrace{a \cdot a \cdot \ldots \cdot a}_{\textbf{n fatores}}) \\
&= (\underbrace{a \cdot a \cdot \ldots \cdot a \cdot a \cdot a \cdot \ldots \cdot a}_{\textbf{m + n fatores}}) = a^{m+n}.
\end{aligned}
$$

(b)

$$
\begin{aligned}
(a \cdot b)^n &= \underbrace{(a \cdot b) \cdot (a \cdot b) \cdot \ldots \cdot (a \cdot b)}_{\textbf{n fatores}} \\
&= \underbrace{(a \cdot b \cdot a \cdot b \cdot \ldots \cdot a \cdot b)}_{n \text{ fatores de } a \text{ e } b} \\
&= \underbrace{(a \cdot a \cdot \ldots \cdot a)}_{n \text{ fatores}} \cdot \underbrace{(b \cdot b \cdot \ldots \cdot b)}_{n \text{ fatores}} \\
&= a^n \cdot b^n.
\end{aligned}
$$

(c)

$$
\begin{aligned}
(a^m)^n &= \underbrace{(a^m \cdot a^m \cdot \ldots \cdot a^m)}_{n \text{ fatores}} \\
&= a^{\overbrace{m + m + \ldots + m}^{n \text{ fatores}}} = a^{m \cdot n}.
\end{aligned}
$$

(d)

$$\begin{aligned}
\left(\frac{a}{b}\right)^n &= \underbrace{\left(\frac{a}{b}\right)\cdot\left(\frac{a}{b}\right)\cdot\ldots\cdot\left(\frac{a}{b}\right)}_{\textbf{n fatores}} \\
&= \underbrace{\left(a\cdot\frac{1}{b}\right)\cdot\left(a\cdot\frac{1}{b}\right)\cdot\ldots\cdot\left(a\cdot\frac{1}{b}\right)}_{\textbf{n fatores}} \\
&= \underbrace{\left(a\cdot\frac{1}{b}\cdot a\cdot\frac{1}{b}\cdot\ldots\cdot a\cdot\frac{1}{b}\right)}_{n \text{ fatores de } a \text{ e } b} \\
&= \underbrace{(a\cdot a\cdot\ldots\cdot a)}_{n \text{ fatores}}\cdot\underbrace{\left(\frac{1}{b}\cdot\frac{1}{b}\cdot\ldots\cdot\frac{1}{b}\right)}_{n \text{ fatores}} \\
&= a^n\cdot\frac{1}{b^n} = \frac{a^n}{b^n}.
\end{aligned}$$

□

Observação 2.5. *Sobre a definição de potência enésima, podemos chegar às seguintes conclusões para todo* $a \in \mathbb{R}$:

(a) *Se* $a \neq 0$, *então*

$$a^0 = a^{1-1} = a^1 \cdot a^{-1} = a \cdot \frac{1}{a} = 1.$$

(b) *Se* $a > 0$, *então* $a^n > 0$ *para todo* $n \in \mathbb{N}$, *ou seja, toda potência de base positiva com qualquer expoente é um número real positivo.*

(c) *Se* $a < 0$, *então* $a^n < 0$ *quando* n *for ímpar e* $a^n > 0$ *se* n *for par, ou seja, toda potência de base negativa e expoente ímpar é um número real negativo e toda potência de base negativa e expoente par é um número real positivo.*

Observação 2.6. *O fato de a definição de potenciação pedir que os números sejam não simultaneamente nulos, pois* 0^0 *é uma indeterminação.*

2.5.2 Potência de expoente inteiro negativo

A fim de garantir a validade da propriedade $a^m a^n = a^{m+n}$ para $m, n \in \mathbb{Z}$, é necessário que a definição de a^{-n} tenha significado. Para tal, é preciso que se tenha $a^n \cdot a^{-n} = 1 = a^{-n} \cdot a^n$, o que implica que a^n não pode ser igual a zero, ou seja, $a \neq 0$, e que o inverso de a^n é a^{-n}, isto é, $(a^n)^{-1} = \frac{1}{a^n} = a^{-n}$.

Sendo assim, apresentamos a seguinte definição:

Definição 2.4. *Dados $a \in \mathbb{R}^*$ e $n \in \mathbb{N}$, definimos a* ***potência de** a **com expoente negativo*** $-n$ *como sendo*

$$a^{-n} = \frac{1}{a^n}.$$

Observação 2.7. *Sobre a Definição 2.4:*

(a) *Se $a > 0$, então temos que $a^{-n} = \dfrac{1}{a^n} > 0$. Em outras palavras, toda potência de base positiva e expoente inteiro negativo é um número real positivo.*

(b) *Se $a < 0$, e n é par, então temos que $a^{-n} = \dfrac{1}{a^n} > 0$. Em outras palavras, toda potência de base negativa e expoente inteiro negativo par é um número real positivo.*

(c) *Se $a < 0$, e n é ímpar, então temos que $a^{-n} = \dfrac{1}{a^n} < 0$. Em outras palavras, toda potência de base negativa e expoente inteiro negativo ímpar é um número real negativo.*

2.5.3 Radiciação

A radiciação é uma operação na matemática que consiste em calcular a raiz enésima de um número. Sejam a um número real positivo e n um número natural, sempre podemos encontrar um número real positivo b que satisfaça a equação $b^n = a$.

Assim, apresentamos a seguinte definição formal para a operação de radiciação:

Definição 2.5. *Dados $a \in \mathbb{R}_+$ e $n \in \mathbb{N}$, sempre existe um número real positivo b tal que $b^n = a$. O número b chamamos de **raiz enésima (aritmética)** de a e indicaremos pelo símbolo $\sqrt[n]{a}$, onde a é chamado de **radicando** e n é o **índice do radical**.*

O conceito de radiciação é atribuído ao matemático persa Al-Khwarizmi[13] (780-850), que desenvolveu técnicas de cálculo com raízes quadradas em seu livro *Al-jabr wa'l-Muqabalah*. O símbolo do radical ($\sqrt{\ }$), por sua vez, foi introduzido pelo matemático alemão Christoff Rudolff (1499-1543) em sua obra de álgebra intitulada *Die Coss*, publicada em 1525.

Exemplo 2.2.

$$\sqrt[9]{512} = 2, \quad \sqrt[4]{81} = 3, \quad \sqrt[6]{15625} = 5.$$

Observamos que, a partir da Definição 2.5, podemos estabelecer algumas propriedades da operação de radiciação:

Observação 2.8. *Sejam $a \in \mathbb{R}_+$ e $n \in \mathbb{N}$. Então:*

(a) $(\sqrt[n]{a})^n = a$.

(b) *Se n é par, então $b^n = a$ e $(-b)^n = a$, o que implica que $b = \sqrt[n]{a}$ ou $b = -\sqrt[n]{a}$.*

Em certas situações, é possível definir a raiz enésima de números negativos.

Definição 2.6. *Se $a \in \mathbb{R}$ e n é ímpar, então existe um único valor real para b tal que $b = \sqrt[n]{a}$.*

Exemplo 2.3.

$$\sqrt[13]{-1} = -1, \quad \sqrt[3]{-8} = -2, \quad \sqrt[3]{-27} = -3.$$

Observação 2.9. *Se a é negativo e n é par, então não existe $b \in \mathbb{R}$ tal que $b^n = a$. Assim, a raiz enésima não está bem definida nesse caso. Por exemplo, não existe $\sqrt[2]{-4}$, uma vez que não há número real cujo quadrado seja -4. No entanto, podemos considerar a expressão $\sqrt[2]{-4}$ como um número complexo, que é definido como $\sqrt[2]{-4} = 2i$, onde i é a unidade imaginária.*

[13]`https://mathshistory.st-andrews.ac.uk/Biographies/Al-Khwarizmi/`

As propriedades de radicais são amplamente utilizadas para simplificar expressões, resolver equações e realizar operações em funções que envolvem raízes. Entre as propriedades mais comuns estão a multiplicação, divisão e potenciação de raízes, bem como a simplificação de raízes por meio de fatores primos.

Proposição 2.6. *Sejam* $a, b \in \mathbb{R}_+$, $m, n \in \mathbb{N}^*$ *e* $p \in \mathbb{Z}$.

(a) $\sqrt[n]{a^p} = \sqrt[n\cdot m]{a^{p\cdot m}}$;

(b) $\sqrt[n]{a} \cdot \sqrt[n]{b} = \sqrt[n]{a \cdot b}$;

(c) $(\sqrt[n]{a})^p = \sqrt[n]{a^p}$;

(d) $\sqrt[m]{\sqrt[n]{a}} = \sqrt[m\cdot n]{a}$.

Demonstração:

(a) Denotando $x = \sqrt[n]{a^p}$, então

$$x^{n\cdot m} = \left(\sqrt[n]{a^p}\right)^{n\cdot m} = \left[\left(\sqrt[n]{a^p}\right)^n\right]^m = [a^p]^m = a^{p\cdot m},$$

ou seja, $x = \sqrt[n\cdot m]{a^{p\cdot m}}$.

(b) Denotando $x = \sqrt[n]{a} \cdot \sqrt[n]{b}$, então

$$x^n = \left(\sqrt[n]{a} \cdot \sqrt[n]{b}\right)^n = (\sqrt[n]{a})^n \cdot \left(\sqrt[n]{b}\right)^n = a \cdot b,$$

ou seja, $x = \sqrt[n]{a \cdot b}$.

(c) Se $p > 1$, denotamos $x = (\sqrt[n]{a})^p$, então

$$x = \underbrace{\sqrt[n]{a} \cdot \sqrt[n]{a} \cdot \sqrt[n]{a} \cdot \ldots \cdot \sqrt[n]{a}}_{p \text{ fatores}} = \sqrt[n]{\underbrace{a \cdot a \cdot a \cdot \ldots \cdot a}_{p \text{ fatores}}} = \sqrt[n]{a^p},$$

ou seja, $x = \sqrt[n]{a^p}$.

Se $p = 1$, $(\sqrt[n]{a})^1 = \sqrt[n]{a} = \sqrt[n]{a^1}$.

Se $p = 0$, $(\sqrt[n]{a})^0 = 1 = \sqrt[n]{1} = \sqrt[n]{a^0}$.

Se $p < 0$, denotando $-p = q > 0$, então

$$(\sqrt[n]{a})^p = \frac{1}{(\sqrt[n]{a})^q} = \frac{1}{(\sqrt[n]{a^q})} = \frac{1}{\left(\sqrt[n]{a^{-p}}\right)} = \frac{1}{\left(\sqrt[n]{\frac{1}{a^p}}\right)} = \frac{1}{\frac{1}{\sqrt[n]{a^p}}} = \sqrt[n]{a^p}.$$

(d) Denotando $x = \sqrt[m]{\sqrt[n]{a}}$, então

$$\begin{aligned} x^m &= \left(\sqrt[m]{\sqrt[n]{a}}\right)^m = \sqrt[n]{a} \\ (x^m)^n = x^{m\cdot n} &= \left(\sqrt[n]{a}\right)^n = a \\ x &= \sqrt[m\cdot n]{a}. \end{aligned}$$

□

Exemplo 2.4. *Seguem alguns exemplos:*

(a) $\sqrt{2} \cdot \sqrt{3} = \sqrt{6}$;

(b) $\frac{\sqrt{10}}{\sqrt{2}} = \sqrt{5}$;

(c) $(\sqrt{2})^3 = \sqrt{2} \cdot \sqrt{2} \cdot \sqrt{2} = 2\sqrt{2}$;

(d) $\sqrt{24} = \sqrt{2 \cdot 2 \cdot 2 \cdot 3} = 2\sqrt{6}$.

2.5.4 Potência de expoente racional

O conceito de potência se estende para casos em que o expoente é um número racional na forma $\frac{p}{q}$, onde $p \in \mathbb{Z}$ e $q \in \mathbb{N}^*$. Dada uma base $a > 0$, podemos estabelecer a igualdade $\sqrt[q]{a^p} = a^{\frac{p}{q}}$, o que nos leva à seguinte definição:

Definição 2.7. ***(Potência de expoente racional)***

(a) *Se $a > 0$ e $\frac{p}{q} \in \mathbb{Q}$ (ou $a < 0$ e q é um número ímpar), a potência de base a e expoente $\frac{p}{q}$ é dada por $a^{\frac{p}{q}} = \sqrt[q]{a^p}$.*

(b) *Se $a = 0$ e $\frac{p}{q} > 0$, definimos $0^{\frac{p}{q}} = 0$.*

Note que o primeiro membro da igualdade $\sqrt[q]{a^p} = a^{\frac{p}{q}}$ já possui significado, enquanto o segundo só é bem definido se q for divisor de p, ou quando $a < 0$ e q é um número ímpar. Caso contrário, $a^{\frac{p}{q}}$ não terá sentido. Por exemplo, a potência $(-1)^{\frac{3}{2}}$ não tem sentido, pois não existe um número real que elevado ao cubo resulte em -1.

Observação 2.10. *Da Definição 2.7:*

(a) *Toda potência de base positiva e expoente racional é um número real positivo, ou seja, se* $a > 0$, *então* $a^{\frac{p}{q}} = \sqrt[q]{a^p} > 0$.

(b) *Dados* $a > 0$ *e* $\frac{p}{q} \in \mathbb{Q}$, *podemos estender o conceito para o seguinte modo.*

$$a^{\frac{p}{-q}} = \sqrt[-q]{a^p} = \sqrt[q]{a^{-p}}.$$

Exemplo 2.5. *A seguir, apresentamos alguns exemplos:*

(a) $2^{\frac{1}{2}} = \sqrt{2}$, *significa que a raiz quadrada de 2 pode ser escrita como uma potência de base 2 e expoente* $\frac{1}{2}$.

(b) $(-4)^{\frac{3}{2}} = -8$, *ou seja, nesse exemplo temos uma base negativa e um expoente racional que resulta em um número negativo.*

(c) $10^{\frac{-3}{4}} = \frac{1}{\sqrt[4]{10^3}}$, *isto é, nesse caso temos uma base positiva e um expoente racional negativo, resultando em um número decimal entre 0 e 1.*

(d) $(-27)^{\frac{2}{3}} = 9$, *ou seja, temos uma base negativa e um expoente racional positivo, resultando em um número positivo.*

2.5.5 Potência de expoente real

Considerando as definições apresentadas até o momento, podemos afirmar que, para todo $a \in \mathbb{R}_+$, é possível construir um único número a^b para cada $b \in \mathbb{R}$, denominado **potência de base** a **e expoente** b. Essa afirmação é suportada pelo seguinte teorema:

Teorema 2.1. *Sejam* $a \in \mathbb{R}_+$ *e* $b, c \in \mathbb{R}$.

(a) $a^b \cdot a^c = a^{b+c}$;

(b) $(a \cdot b)^c = a^c \cdot b^c$;

(c) $(a^b)^c = a^{b \cdot c}$;

(d) $\dfrac{a^b}{a^c} = a^{b-c}$;

(e) $\left(\dfrac{a}{b}\right)^c = \left(\dfrac{a^c}{b^c}\right)$.

Demonstração: Ver [20, Cap 11, seção 3]. □

Exemplo 2.6. *Seguem alguns exemplos:*

(a) 3^π *é um número irracional;*

(b) $2^{-2,5}$ *é um número decimal entre* 0 *e* 1*;*

(c) $(-5)^3$ *é um número negativo;*

(d) $\left(\frac{1}{2}\right)^{\frac{1}{3}}$ *é um número irracional entre* 0 *e* 1.

2.6 Inequações, intervalos e módulo

2.6.1 Inequações

As propriedades das desigualdades são úteis para estudar inequações envolvendo números reais. Inequações são expressões que incluem pelo menos uma desigualdade e uma variável. Resolver uma inequação significa determinar quais valores reais satisfazem a expressão. Esse conjunto de valores é chamado de **conjunto solução da inequação**.

Exemplo 2.7. *Resolver a inequação* $-2x + 5 > 9$.

Solução: *Para resolvê-la, primeiro isolamos a incógnita* x *do lado esquerdo da inequação e em seguida subtraímos* 5 *de ambos os lados:*

$$-2x + 5 - 5 > 9 - 5 \Leftrightarrow -2x > 4.$$

Agora, dividindo em ambos os lados por -2*, lembrando que quando dividimos uma inequação por um número negativo, precisamos inverter o sentido da desigualdade:*

$$\frac{-2x}{-2} < \frac{4}{-2} \Leftrightarrow x < -2.$$

Portanto, o conjunto solução da inequação é $S = \{x \in \mathbb{R} \mid x < -2\}$*, ou seja, todos os números reais menores que* -2 *satisfazem a desigualdade.*

Exemplo 2.8. *Resolver a inequação* $2 \leq 2x + 1 < 8$.

Solução: *Inequações com essa característica podem ser resolvidas de duas maneiras. A primeira consiste em resolver as duas desigualdades separadamente, ou seja, resolver as inequações* $2 \leq 2x + 1$ *e* $2x + 1 < 8$.

A segunda forma de resolução é resolver as duas desigualdades simultaneamente. O conjunto solução da inequação é a interseção dos conjuntos soluções das duas inequações.

("Método inequações separadas")

$$2 \leq 2x + 1 \ e\ 2x + 1 < 8;$$

$$2 - 1 \leq 2x \ e\ 2x < 8 - 1;$$

$$1 \leq 2x \ e\ 2x < 7;$$

$$\frac{1}{2} \leq x \ e\ x < \frac{7}{2};$$

("Método inequações juntas")

$$2 \leq 2x + 1 < 8;$$

$$2 - 1 \leq 2x < 8 - 1;$$

$$1 \leq 2x < 7;$$

$$\frac{1}{2} \leq x < \frac{7}{2};$$

Concluindo que o conjunto solução é $S = \left\{x \in \mathbb{R} \mid \frac{1}{2} \leq x < \frac{7}{2}\right\}$.

2.6.2 Intervalos

Os conjuntos soluções das inequações possuem a característica de serem uniões ou intersecções de certos subconjuntos da reta. Chamamos tais conjuntos de **intervalos da reta**. Podemos dividir os intervalos nas seguintes classes:

Intervalos limitados

Sejam $a, b \in \mathbb{R}$, com $a < b$. Chamamos a de **ponto extremo à esquerda** e b de **ponto extremo à direita** do intervalo. Os intervalos limitados são classificados em:

Figura 2.1: **Abertos**

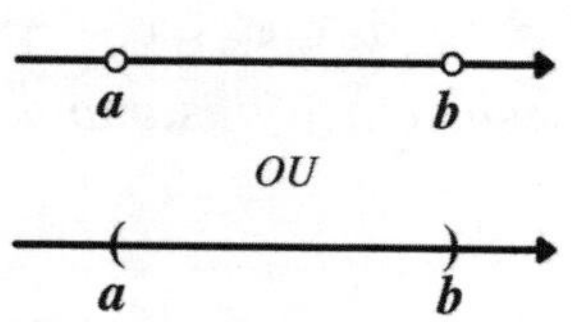

$(a, b) = \{x \in \mathbb{R} \mid a < x < b\}$

Figura 2.2: **Fechados**

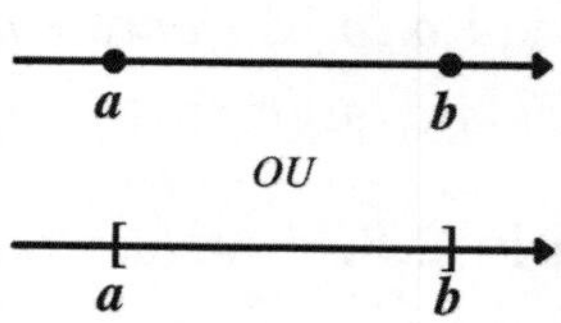

$[a, b] = \{x \in \mathbb{R} \mid a \leq x \leq b\}$

Figura 2.3: **Fechados à direita e abertos à esquerda**

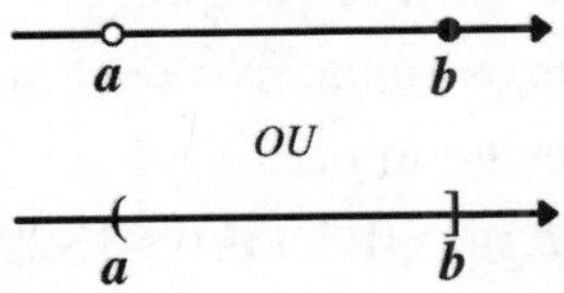

$(a, b] = \{x \in \mathbb{R} \mid a < x \leq b\}$

Figura 2.4: **Abertos à direita e fechados à esquerda**

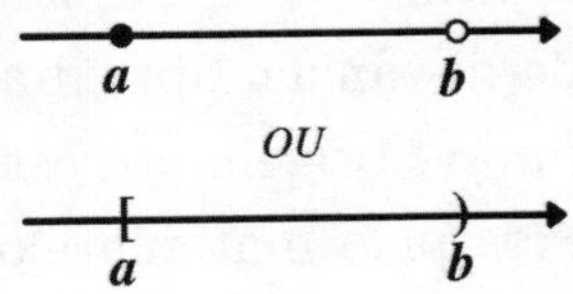

$[a, b) = \{x \in \mathbb{R} \mid a \leq x < b\}$

Intervalos infinitos

Nos intervalos infinitos, usamos os símbolos $+\infty$ para representarmos que não existe ponto extremo à direita do intervalo e $-\infty$ para representarmos que não existe ponto extremo à esquerda do intervalo. O conjunto dos números reais não possui pontos extremos. A representação da reta real em forma de intervalo é dada por $\mathbb{R} = (-\infty, +\infty)$. Dados $a, b \in \mathbb{R}$, classificamos os intervalos infinitos em:

Figura 2.5: **Abertos**

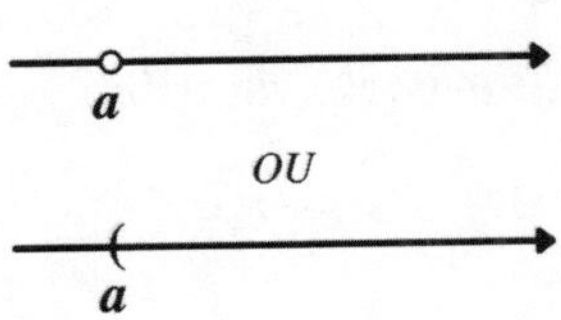

$(a, +\infty) = \{x \in \mathbb{R} \mid x > a\}$

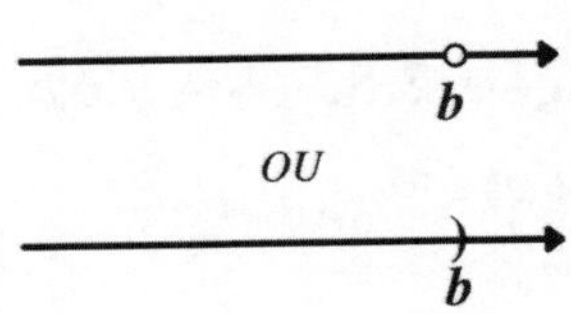

$(-\infty, b) = \{x \in \mathbb{R} \mid x < b\}$

Figura 2.6: **Fechados à esquerda**

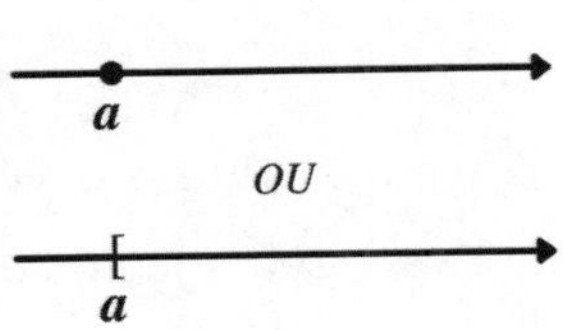

$[a, +\infty) = \{x \in \mathbb{R} \mid x \geq a\}$

Figura 2.7: **Fechados à direita**

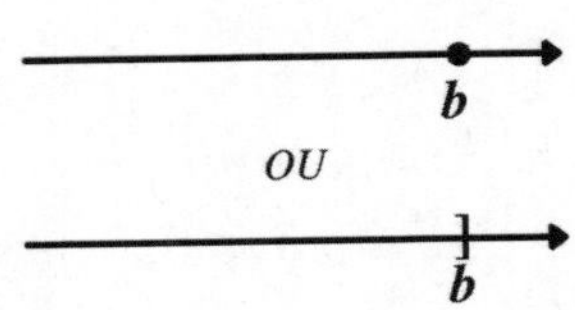

$(-\infty, b] = \{x \in \mathbb{R} \mid x \leq b\}$

2.6.3 Módulo (valor absoluto)

O conceito de módulo (ou valor absoluto) dos números reais é frequentemente utilizado na resolução de problemas envolvendo inequações em estudos de distância, aproximação e erros de números reais. No entanto, este conceito teve origem nos estudos de interpretações geométricas dos números complexos pelo matemático suíço Jean Robert Argand[14] (1768-1822), embora Augustin Cauchy[15] seja geralmente creditado como o criador desse conceito em seu livro *Exercices de mathèmatiques*, de 1829. A representação $|x|$ surgiu em 1841, em um artigo publicado por Karl Weierstrass[16] (1815-1897) na revista alemã *Mathematische Werke*, vol. I, p. 67.

Augustin Cauchy

Definição 2.8. *O módulo (ou valor absoluto) de $a \in \mathbb{R}$, denotado por $|a|$, é definido por:*

$$|a| = \begin{cases} a, & \text{se } a \geq 0; \\ -a, & \text{se } a < 0. \end{cases}$$

Observação 2.11. *A distância entre dois números reais a e b é dada por $|a - b|$. A partir dessa definição, podemos afirmar que o valor absoluto de a é igual à distância entre 0 e a, ou seja,*

$$|a| = \sqrt{a^2} = (a^2)^{\frac{1}{2}}.$$

Também é importante observar que, para $n \in \mathbb{N}^*$ e $b \geq 0$, temos $b \cdot \sqrt[n]{a} = \sqrt[n]{b^n \cdot a}$. Já para $b < 0$, temos que $b \cdot \sqrt[n]{a} = -\sqrt[n]{|b|^n \cdot a}$. Ou seja, o coeficiente

[14] https://mathshistory.st-andrews.ac.uk/Biographies/Argand/

[15] https://mathshistory.st-andrews.ac.uk/Biographies/Cauchy/

[16] https://mathshistory.st-andrews.ac.uk/Biographies/Weierstrass/

do radical (a menos do sinal) é colocado no radicando com expoente igual ao índice do radical.

Os próximos resultados são obtidos aplicando a definição de valor absoluto e as propriedades algébricas apresentadas neste capítulo.

Propriedades 2.1. *Dados* $a, b \in \mathbb{R}$.

(a) $|a| \geq 0$.

(b) $|a| \leq b$ *se, e somente se,* $-b \leq a \leq b$.

(c) $-|a| \leq a \leq |a|$.

(d) $|b| \geq a \geq 0$ *se, e somente se,* $b \geq a$ *ou* $b \leq -a$.

(e) $|a \cdot b| = |a| \cdot |b|$.

(f) *Para* $b \neq 0$, $|\frac{a}{b}| = \frac{|a|}{|b|}$.

(g) $|a| = |b|$ *se, e somente se,* $a = b$ *ou* $a = -b$.

(h) *Se* $a, b > 0$, $a < b$ *se, e somente se,* $a^2 < b^2$.

Demonstração: Exercício. □

Teorema 2.2. ***(Desigualdades triangulares)*** *Dados* $a, b \in \mathbb{R}$.

(a) $|a + b| \leq |a| + |b|$.

(b) $|a - b| \leq |a| + |b|$.

(c) $|a| - |b| \leq |a - b|$.

Demonstração:

(a) Usando o fato de que $-|a| \leq a \leq |a|$ e $-|b| \leq b \leq |b|$, agora somando essas desigualdades, temos:

$$-(|a|+|b|) \leq a + b \leq (|a|+|b|).$$

Se $a + b \geq 0$, então $|a + b| = a + b \leq (|a| + |b|)$. Por outro lado, se $a + b < 0$, então $|a + b| = -(a + b) \leq (|a| + |b|)$, ou seja, em ambos os casos obtemos $|a + b| \leq (|a| + |b|)$.

(b) Usando a desigualdade triangular anterior e o fato de que $|-b| = |b|$, temos

$$|a-b| = |a+(-b)| \leq |a| + |-b| = |a| + |b|.$$

(c) A terceira desigualdade segue com os seguintes cálculos:

$$|a| = |a-b+b| = |(a-b)+b| \leq |a-b| + |b|,$$

somando $-|b|$ em ambos os lados da desigualdade,

$$|a| - |b| \leq |a-b|.$$

□

Proposição 2.7. *Dados $a, b \in \mathbb{R}$, onde $a < b$, então:*

(a) $(x-a)(x-b) > 0 \Rightarrow x \notin [a,b]$;

(b) $(x-a)(x-b) \geq 0 \Rightarrow x \notin (a,b)$;

(c) $(x-a)(x-b) < 0 \Rightarrow x \in (a,b)$;

(d) $(x-a)(x-b) \leq 0 \Rightarrow x \in [a,b]$.

Demonstração:

(a) De $(x-a)(x-b) > 0$, podemos garantir que $x-a$ e $x-b$ possuem o mesmo sinal. Assim, temos que analisar os seguintes casos:

Caso 1:

$$x-a > 0 \ \text{ e } \ x-b > 0,$$

$$x > a \ \text{ e } \ x > b.$$

A solução neste caso será que $x > b$, ou seja, $x \in (b, +\infty)$.

Caso 2:

$$x-a < 0 \ \text{ e } \ x-b < 0,$$

$$x < a \ \text{ e } \ x < b.$$

A solução para este caso é que $x < a$, ou seja, $x \in (-\infty, a)$.

Concluindo que, em ambos os casos, $x \notin [a, b]$.

(b) Análogo ao caso anterior. (Exercício)

(c) De $(x-a)(x-b) < 0$, podemos garantir que $x-a$ e $x-b$ possuem sinais distintos. Assim, temos que analisar os seguintes casos:

Caso 1:

$$x - a > 0 \text{ e } x - b < 0,$$

$$x > a \text{ e } x < b.$$

A solução neste caso será que $a < x < b$, ou seja, $x \in (a, b)$.

Caso 2:

$$x - a < 0 \text{ e } x - b > 0,$$

$$x < a \text{ e } x > b.$$

A solução para este caso é o conjunto vazio, pois $a < b$.

(d) Análogo ao caso anterior. (Exercício)

□

2.7 Comparações entre potências

Ao lidarmos com potências, muitas vezes precisamos comparar diferentes expressões que envolvem essas operações. Nesta seção, vamos explorar algumas propriedades que nos ajudam a comparar potências de maneira eficiente e precisa. Veremos como podemos utilizar essas propriedades para simplificar e resolver desigualdades envolvendo potências.

Teorema 2.3. *Sejam $m, n \in \mathbb{Z}$ e $a > 1$. Então $m > n$ se, e somente se, $a^m > a^n$.*

Demonstração: A partir da condição $m > n$, temos que $m-n > 0$. Como $a > 1$, temos que $a^{m-n} > 1$. Multiplicando ambos os lados da desigualdade por a^n, o sentido da desigualdade se mantém, pois $a^n > 0$. Assim, obtemos:

$$\begin{aligned} a^{m-n} \cdot a^n &> a^n; \\ a^{m-n+n} &> a^n; \\ a^m &> a^n. \end{aligned}$$

Reciprocamente, se $a^m > a^n$, ao multiplicarmos ambos os lados da desigualdade por a^{-n}, o sinal da desigualdade não muda, pois $a^{-n} > 0$. Assim, obtemos:

$$\begin{aligned} a^m \cdot a^{-n} &> a^n \cdot a^{-n}; \\ a^{m-n} &> a^{n-n}; \\ a^{m-n} &> a^0. \end{aligned}$$

Sabendo que $a > 1$, temos que $m - n > 0$, ou seja, $m > n$. □

Teorema 2.4. *Sejam $m, n \in \mathbb{Z}$ e $0 < a < 1$. Então $m > n$ se, e somente se, $a^m < a^n$.*

Demonstração: Se $0 < a < 1$, temos que $\frac{1}{a} > 1$. Utilizando o teorema anterior na base $\frac{1}{a} > 1$, temos que $m > n \Leftrightarrow \left(\frac{1}{a}\right)^m > \left(\frac{1}{a}\right)^n \Leftrightarrow \frac{1}{a^m} > \frac{1}{a^n} \Leftrightarrow a^m < a^n$. □

Observação 2.12. *Uma consequência imediata dos teoremas anteriores é que, quando $a > 1$, as potências a^n aumentam quando os valores do expoente $n \in \mathbb{Z}$ aumentam, ou seja,*

$$\ldots < a^{-3} < a^{-2} < a^{-1} < a^0 < a^1 < a^2 < a^3 < \ldots$$

e, quando $0 < a < 1$, as potências a^n diminuem os valores quando os valores do expoente $n \in \mathbb{Z}$ aumentam, ou seja,

$$\ldots > a^{-3} > a^{-2} > a^{-1} > a^0 > a^1 > a^2 > a^3 > \ldots$$

A partir do Teorema 2.1, e usando a mesma demonstração dos dois teoremas anteriores, temos também o seguinte teorema.

Teorema 2.5. *Sejam* $a, b, c \in \mathbb{R}$, *então:*

(a) *se* $a > 1$, $b > c$ *se, e somente se,* $a^b > a^c$;

(b) *se* $0 < a < 1$, $b > c$ *se, e somente se,* $a^b < a^c$.

Demonstração: Exercício. □

2.8 Problemas resolvidos

Problema 2.1. *Determine* $|4|, |-9|, |-\sqrt{5}+2|, |4-\sqrt{2}|$.

Solução: *Sabemos que* 4 *e* $4-\sqrt{2}$ *são números positivos, então*

$$|4| = 4 \text{ e } |4-\sqrt{2}| = 4-\sqrt{2}.$$

Como -9 *e* $-\sqrt{5}+2$ *são números negativos, então*

$$|-9| = 9 \text{ e } |-\sqrt{5}+2| = -(-\sqrt{5}+2) = \sqrt{5}-2.$$

Problema 2.2. *Determine os números que satisfazem a igualdade* $|x+3| = 7$.

Solução: *O conjunto solução dessa igualdade é formado pelos números que satisfazem as equações*

$$x+3 = 7 \text{ ou } -(x+3) = 7.$$

Da equação $x+3=7$, *obtemos* $x=4$ *e, da equação* $-(x+3)=7$, *obtemos* $x=-10$. *Concluímos que* $\{4,-10\}$ *é o conjunto solução da equação* $|x+3|=7$.

Problema 2.3. *Encontre a solução da equação* $|x-1| = |5-3x|$.

Solução:

Para resolver esta equação, consideramos os dois casos possíveis decorrentes da propriedade $|a| = |b|$ *se, e somente se,* $a=b$ *ou* $a=-b$.

(Caso 1): $x-1 = 5-3x$

Quando $x-1$ e $5-3x$ são ambos positivos ou ambos negativos, igualamos os termos:

$$x - 1 = 5 - 3x;$$
$$4x = 6;$$
$$x = \frac{3}{2}.$$

(Caso 2): $x - 1 = -(5 - 3x)$
Quando um lado da equação é o negativo do outro, consideramos:

$$x - 1 = -(5 - 3x);$$
$$x - 1 = -5 + 3x;$$
$$2x = 4;$$
$$x = 2.$$

Portanto, as soluções da equação $|x - 1| = |5 - 3x|$ *são* $x = \frac{3}{2}$ *e* $x = 2$.

Problema 2.4. *Determinar o conjunto solução da desigualdade*

$$\frac{2x-1}{3x+2} < 3.$$

Solução: *Para simplificarmos a desigualdade, precisamos multiplicar os dois membros por* $3x + 2$ *e considerar os seguintes casos:*

(a) *Se* $3x + 2 > 0$, *então*

$$x > -\frac{2}{3} \quad e \quad 2x - 1 < 3(3x + 2);$$
$$x > -\frac{2}{3} \quad e \quad 2x - 1 < 9x + 6;$$
$$x > -\frac{2}{3} \quad e \quad -7 < 7x;$$
$$x > -\frac{2}{3} \quad e \quad -1 < x;$$
$$x > -\frac{2}{3}.$$

(b) *Se* $3x + 2 < 0$, *então*

$$x < -\frac{2}{3} \quad e \quad 2x - 1 > 3(3x + 2);$$
$$x < -\frac{2}{3} \quad e \quad 2x - 1 > 9x + 6;$$
$$x < -\frac{2}{3} \quad e \quad -7 > 7x;$$
$$x < -\frac{2}{3} \quad e \quad -1 > x;$$
$$x < -1.$$

O conjunto solução que satisfaz a inequação é

$$S = (-\infty, -1) \cup \left(-\frac{2}{3}, +\infty\right).$$

Problema 2.5. ***(Níveis de produção)***
Uma empresa tem custos fixos gerais de R\$ 300 por dia e a produção de x unidades de um produto possui o custo de R\$ 2,50 por unidade. Durante o mês de abril, o custo total de produção variou de uma alta de R\$ 1150 para uma baixa de R\$ 900 por dia. Determine os ***níveis de produção*** *alto e baixo durante o mês.*

Solução: *Sabendo que o custo para produzir uma unidade do produto da empresa é R\$ 2,50, para produzirmos x unidades temos o custo de $2,5x$. Além disso, o custo fixo diário da empresa é de R\$ 300 por dia, então o custo total diário para a produção de x unidades é $2,5x + 300$.*

Uma vez que o custo variou entre R\$ 900 a R\$ 1150, podemos descrever essa situação da seguinte maneira:

$$\begin{aligned}
900 &\leq 2,5x + 300 \leq 1150;\\
600 &\leq 2,5x \leq 850;\\
\frac{600}{2,5} &\leq x \leq \frac{850}{2,5};\\
240 &\leq x \leq 340.
\end{aligned}$$

Portanto, os níveis de produção diária durante o mês de abril variaram entre uma baixa produção de 240 unidades a uma alta produção de 340 unidades.

Em algumas situações, é útil identificarmos intervalos da reta com sinais "positivos", "negativos" ou "nulos" de uma dada expressão algébrica para analisar o conjunto solução de determinadas inequações.

Problema 2.6. *Descreva o conjunto $\{x \in \mathbb{R} \mid x \cdot (x-2) > 0\}$ na notação de intervalos.*

Solução: *Para a expressão x, associamos uma reta real na qual os valores maiores que 0 estão relacionados com o sinal positivo, os valores menores do que 0 estão associados com o sinal negativo e quando a expressão se anula associamos o valor 0; de maneira análoga, para a expressão $x-2$, associamos uma reta real na qual os valores maiores que 2 estão relacionados* *com o sinal positivo, os valores menores do que* 2 *estão associados com o sinal negativo e o valor* 2 *associamos ao* 0, *pois é quando a expressão se anula (ver Figura 2.8).*

Figura 2.8:

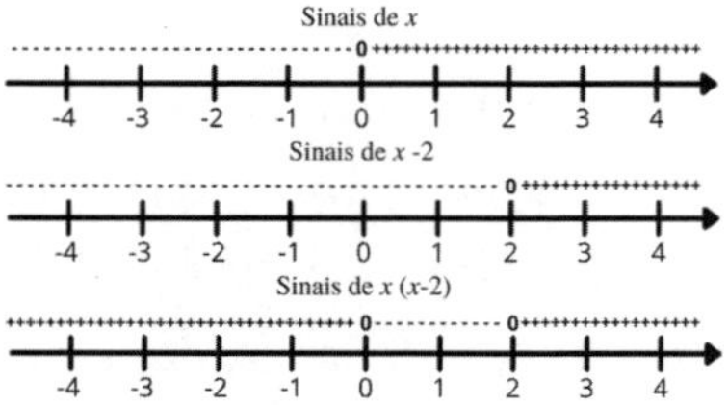

Agora, podemos construir uma reta real onde o resultado é a "multiplicação" das duas primeiras retas, ou seja, nas regiões onde possuem fatores com mesmos sinais, os pontos correspondentes na terceira reta são marcados com sinais positivos; nas regiões onde os sinais são opostos, na terceira reta obtemos sinais negativos; e, nas regiões onde pelo menos uma das expressões se anula, o ponto correspondente na terceira reta é igual a 0. *Portanto, os intervalos que descrevem o conjunto*

$$\{x \in \mathbb{R} \mid x \cdot (x-2) > 0\}$$

são a união dos intervalos $(-\infty, 0)$ *e* $(2, +\infty)$. *Logo,*

$$\{x \in \mathbb{R} \mid x \cdot (x-2) > 0\} = (-\infty, 0) \cup (2, +\infty).$$

2.9 Exercícios propostos

Exercício 2.1. *Expresse* $\dfrac{(-2)^0 \cdot [-(-2)^3] \cdot 5}{(-3)^{-1} \cdot [-(5^{-2})]}$ *como um número inteiro.*

Exercício 2.2. *Calcule* $(2^{-1} + 2^{-2})^{-2}$.

Exercício 2.3. *Seja* $k \in \mathbb{R}$ *solução da equação*

$$\frac{3(x+2)}{5} - \frac{3x+1}{4} = 2.$$

Então:

(a) $2k = 14$;

(b) $k^3 = -21$;

(c) $k = \frac{-11}{3}$;

(d) $3k = -21$;

(e) $k + 1 = 0$;

(f) $k = \sqrt{2}$.

Exercício 2.4. *Se* -1 *é solução da equação* $(4 - h)x + 3(5 - 2h) + 6h = 0$, *determine o valor de* h.

Exercício 2.5. *Resolva as inequações:*

(a) $x - 8 < 2 + 4x < 7x + 8$;

(b) $\dfrac{-14}{5} < \dfrac{4x}{3} + \dfrac{3(1-x)}{5} \leq \dfrac{1}{15}$;

(c) $ax + 3 > \dfrac{3}{2}$, *com* $a > 0$;

(d) $\dfrac{ax - 2}{5} < \dfrac{7}{2}$, *com* $a < 0$.

Exercício 2.6. *Mostre que a equação* $|x| = x + 3$ *tem solução.*

Exercício 2.7. *Determine o conjunto solução das inequações:*

(a) $|2x - 4| < 2$;

(b) $\left|5 - \dfrac{1}{x}\right| \geq 2$;

(c) $\left|\dfrac{3-x}{2+x}\right| \leq 1$, $x \neq -2$;

(d) $\left|\dfrac{4-3x}{5+x}\right| \leq 2$, $x \neq -5$.

Exercício 2.8. *Resolver as equações:*

(a) $|3x + 2| = 10$;

(b) $|2x + 3| = |5x - 1|$;

(c) $|4 + 16x| = 9$;

(d) $\left|\dfrac{x+2}{x-2}\right| = 4$.

Exercício 2.9. *Considerando que* $x \in \mathbb{N}$, *determine o conjunto solução da inequação* $10x - 8 < 6x + 12$.

Exercício 2.10. ***(UC-GO)***
Qual é o valor da expressão $\dfrac{2^{n+4} + 2^{n+2} + 2^{n-1}}{2^{n-2} + 2^{n-1}}$?

Exercício 2.11. ***(Saúde)***
Segundo a Organização Mundial da Saúde (OMS), o índice de massa corporal (IMC) é um cálculo universal para classificar padrões de saúde relacionados ao peso, como desnutrição e obesidade. A fórmula do IMC foi desenvolvida pelo matemático belga, astrônomo, estatístico e sociólogo Lambert

Adolphe Jacques Quételet[17] *(1796-1874) em 1832 e recebeu originalmente o nome de "Índice de Quételet", mas foi rebatizada com o nome atual pela OMS em 1972. O índice é calculado da seguinte maneira: divide-se o peso do indivíduo pela sua altura elevada ao quadrado, ou seja, denotando por* P *o peso em* kg *do indivíduo e* h *a sua altura, temos que* $IMC = \dfrac{P}{h^2}$ *é o valor do IMC do indivíduo. De acordo a Tabela 2.1, responda:*

Tabela 2.1:

Categoria	**Valor do IMC**
Abaixo do peso	$IMC < 18,5$
Peso normal	$18,5 \leq IMC < 25$
Sobrepeso	$25 \leq IMC < 30$
Obesidade	$30 \leq IMC$

(a) *Qual é o peso normal para uma pessoa com* $1,6$ m*?*

(b) *Quantos quilogramas uma pessoa de* $1,7$ m *de altura e* 70 kg *precisa emagrecer para ser classificada como abaixo do peso?*

Exercício 2.12. ***(Fisiologia)***
A frequência cardíaca máxima de uma pessoa com saúde normal está relacionada à sua idade por meio da equação $f = 220 - I$, *onde* f *é a frequência cardíaca máxima em batimentos por minuto e* I *é a idade da pessoa em anos. Alguns fisiologistas recomendam que, durante a atividade física, o indivíduo deve se esforçar para aumentar sua frequência cardíaca até pelo menos* 60% *da frequência cardíaca de sedentários e no máximo* 90% *da frequência cardíaca máxima de pessoas em ótimas condições físicas. Determine o intervalo de variação da frequência cardíaca de uma pessoa com* 25 *anos de idade.*

Exercício 2.13. ***(Engenharia)***
Existe uma probabilidade de 90% *de que a vida de uma bateria* x *(medida em*

[17] `https://mathshistory.st-andrews.ac.uk/Biographies/Quetelet/`

meses) satisfaça a relação $\left|\frac{x-24}{4}\right| < 1,96$*. Qual é o intervalo de variação da vida útil da bateria?*

Exercício 2.14. ***(Fuvest-SP)***
O número real x não pertence ao intervalo aberto de extremos -1 e 2. Sabe-se que $x < 0$ ou $x > 3$. Pode-se então concluir que:

(a) $x \leq -1$ *ou* $x > 3$;

(b) $x \geq 2$ *ou* $x < 0$;

(c) $x \geq 2$ *ou* $x \leq -1$;

(d) $x > 3$;

(e) $x \geq 3$;

(f) *nenhuma das alternativas.*

Exercício 2.15. ***(ITA-SP)***
Sobre a equação na variável real x, $|||x-1|-3|-2| = 0$, podemos afirmar que:

(a) *ela não admite solução real;*

(b) *a soma de todas as suas soluções é 6;*

(c) *ela admite apenas soluções positivas;*

(d) *a soma de todas as soluções é 4;*

(e) *ela admite apenas duas soluções reais.*

Exercício 2.16. ***(CESGRANRIO)***
Os valores positivos de x para os quais $(x-1)(x-2)(x+3) < 0$ constituem o intervalo aberto:

(a) $(1, 3)$; **(b)** $(2, 3)$; **(c)** $(0, 3)$; **(d)** $(0, 1)$; **(e)** $(1, 2)$.

Exercício 2.17. ***(PUC-SP)***
O menor número inteiro k que satisfaz a inequação $8 - 3(2k-1) < 0$ é:

(a) -2; **(b)** -1; **(c)** 0; **(d)** 1; **(e)** 2.

Exercício 2.18. ***(Unicamp-SP)***
Para trocar os pneus de um carro, é preciso ficar atento ao código de três números que eles têm gravado na lateral. O primeiro desses números fornece a largura (L) do pneu, em milímetros. O segundo corresponde à razão entre a altura (H) e a largura (L) do pneu, multiplicada por 100. Já o terceiro indica o diâmetro interno (A) do pneu, em polegadas. A figura abaixo mostra um corte vertical de uma roda, para que seja possível a identificação de suas dimensões principais. Suponha que os pneus de um carro têm o código $195/60R15$. *Sabendo que uma polegada corresponde a* $25,4$ *mm, pode-se concluir que o diâmetro externo (D) desses pneus mede*

(a) 1031 *mm;* (b) 498 *mm;* (c) 615 *mm;* (d) 249 *mm.*

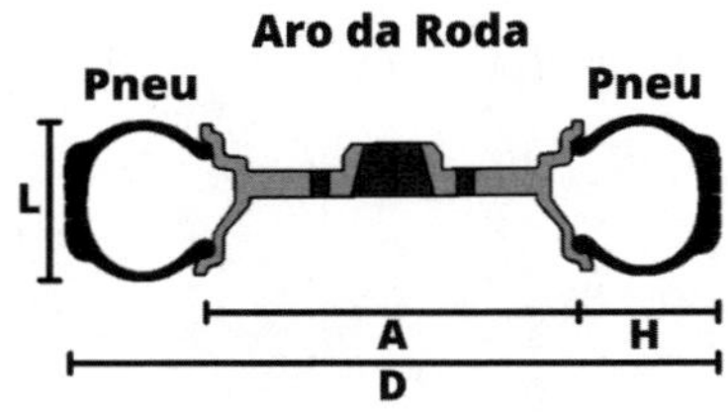

Capítulo 3

Funções elementares

Na literatura matemática, as funções constantes, lineares, quadráticas, polinomiais, racionais, algébricas e definidas por partes são comumente chamadas de **funções elementares**. Esse nome é devido ao seu uso frequente em aplicações e à sua "facilidade" no manuseio das propriedades de limites, derivadas e integrais.

3.1 Contexto histórico

Gottfried W. Leibniz

Johann Bernoulli

O estudo de funções é amplamente estabelecido na área da matemática. O conceito de função é um guia efetivo no desenvolvimento da matemática e é fundamental nos cursos iniciais das áreas de exatas. A origem da palavra função vem do latim *functus*, e ela foi usada inicialmente por Gottfried

Wilhelm Leibniz[1] (1646-1716) em uma carta enviada a Johann Bernoulli[2] (1667-1748) no ano de 1697. Essa carta pode ser encontrada no *Conmercium Philosophicum et Mathematicum Leibniz et Bernoulli, vol. I, 1745.* Em meados de 1718, Johann Bernoulli considerou que uma função é uma expressão formada por uma variável e algumas constantes. Pouco tempo depois, Euler conceituou que uma função pode ser expressa por uma equação ou fórmula envolvendo variáveis e constantes. Essa ideia corresponde ao conceito de função usualmente ensinado nos cursos elementares de matemática.

Joseph Fourier

Lejeune Dirichlet

Esse conceito se manteve inalterado até que Joseph Fourier[3] (1768-1830) considerou em suas pesquisas sobre a propagação do calor as funções chamadas de séries trigonométricas. Lejeune Dirichlet[4] (1805-1859), em uma tentativa de dar uma definição ampla o suficiente, chegou na seguinte formulação: "Uma variável é um símbolo que representa qualquer um dos elementos de um conjunto de números. Se duas variáveis x e y estão relacionadas de maneira que, sempre se atribui um valor a x, corresponde automaticamente, por alguma lei ou regra, um valor a y, então se diz que y é uma função (unívoca) de x. A variável à qual se atribuem valores é chamada de *variável independente*, e a variável y cujos valores dependem dos valores de x é chamada de *variável dependente.* Os valores possíveis onde x podem assumir constituem o campo de definição da função. Os valores assumidos por y constituem o campo de valores da função".

[1] `https://mathshistory.st-andrews.ac.uk/Biographies/Leibniz/`
[2] `https://mathshistory.st-andrews.ac.uk/Biographies/Bernoulli_Johann/`
[3] `https://mathshistory.st-andrews.ac.uk/Biographies/Fourier/`
[4] `https://mathshistory.st-andrews.ac.uk/Biographies/Dirichlet/`

Usualmente usamos esta definição de Dirichlet no curso de cálculo diferencial e integral de uma variável real.

3.2 Domínio e imagem de uma função

Definição 3.1. *Dados A e B subconjuntos de $\mathbb{R}$. Uma* ***função*** *$f : A \to B$ é uma regra que associa a cada elemento de A um único elemento de B. O conjunto A é chamado de* ***domínio de*** *f e é denotado por $D(f)$, enquanto B é chamado de* ***contradomínio (ou campo de valores) de*** *f. É comum se referir a $y = f(x)$, onde x é a* ***variável independente*** *e y é a* ***variável dependente****. O elemento $f(x) \in B$ é o* ***valor da função*** *f* ***no ponto*** *x, ou a* ***imagem de*** *x* ***por*** *f. O conjunto de todos os valores assumidos pela função é denominado de* ***conjunto imagem de*** *f, denotado por $Im(f)$.*

Notações:

$$\begin{aligned} f : A &\longrightarrow B \\ x &\longmapsto f(x) \end{aligned} \qquad \text{ou} \qquad y = f(x),\ x \in A.$$

3.2.1 Domínio de uma função

Na análise matemática, é comum trabalhar com funções cujos domínios são subconjuntos específicos dos números reais. No entanto, em algumas situações, o domínio de uma dada função pode não ser explicitado. Nesses casos, convencionamos que o domínio da função é o conjunto de todos os números reais x, para os quais é possível calcular $f(x)$. Essa convenção é conhecida como o **domínio natural** da função e é amplamente utilizada em vários ramos da matemática, incluindo análise real e cálculo diferencial e integral. É importante observar que a definição do domínio natural da função depende da função em questão e, portanto, deve ser determinada caso a caso.

Exemplo 3.1. *A função $f(x) = \frac{1}{x}$ é definida como a regra que associa a cada número real x o número real $\frac{1}{x}$. O domínio de f é o conjunto de todos os números reais x para os quais é possível calcular $f(x)$. Observamos que* *não podemos calcular $f(x)$ quando $x = 0$, pois a divisão por zero não é definida. No entanto, para todo $x \neq 0$ é possível calcular $f(x)$. Portanto, o domínio da função é o conjunto $D(f) = \mathbb{R} - \{0\}$.*

Exemplo 3.2. *Considere a função $f(x) = -x^2 + 3x - 5$. Como o domínio de uma função não foi especificado, é comum assumirmos que o domínio é o conjunto dos números reais, ou seja, $D(f) = \mathbb{R}$. Assim, podemos calcular $f(x)$ para qualquer $x \in \mathbb{R}$.*

Exemplo 3.3. *Para determinar o domínio da função $y = \dfrac{3x-2}{5x+4}$, devemos levar em consideração que a variável independente x também aparece no denominador da fração. Assim, é necessário garantir que o denominador não se anule, ou seja, precisamos impor a condição $5x + 4 \neq 0$. Resolvendo a inequação, temos $5x \neq -4$, o que equivale a $x \neq \frac{-4}{5}$. Portanto, o domínio da função é o conjunto $D(y) = \left\{x \in \mathbb{R} \mid x \neq \frac{-4}{5}\right\}$.*

Exemplo 3.4. *Para identificar o domínio da função $g(x) = \sqrt[4]{x^2 - 5}$, é necessário verificar as restrições impostas pelo índice do radical. No caso da função em questão, o índice é 4, que é par. Dessa forma, o radicando $x^2 - 5$ deve ser maior ou igual a zero, ou seja, $x^2 - 5 \geq 0$. Resolvendo essa inequação, obtemos $x \geq \sqrt{5}$ ou $x \leq -\sqrt{5}$. Portanto, o domínio da função é $D(g) = \{x \in \mathbb{R} \mid x \geq \sqrt{5}$ ou $x \leq -\sqrt{5}\} = (-\infty, -\sqrt{5}] \cup [\sqrt{5}, +\infty)$.*

Exemplo 3.5. *Visando estabelecer o domínio da função $h(x) = \dfrac{\sqrt{x+1}}{x-2}$, devemos impor duas condições: primeiro, o radicando do numerador deve ser não negativo e, segundo, o denominador não deve ser zero. Assim, a primeira condição nos leva a $x + 1 \geq 0$, ou seja, $x \geq -1$. Já a segunda condição nos leva a $x \neq 2$. Portanto, o domínio da função h é o conjunto $D(h) = \{x \in \mathbb{R} \mid x \geq -1$ e $x \neq 2\}$.*

Observação 3.1. *É importante ter atenção para não confundir os símbolos f e $f(x)$. O símbolo f é utilizado para representar a função como um todo, enquanto $f(x)$ refere-se a um elemento do contradomínio da função que está associado ao elemento x do domínio. É fundamental diferenciar claramente esses dois conceitos para evitar possíveis erros ou mal-entendidos na análise e representação de funções matemáticas.*

Definição 3.2. *Chamamos de* ***zero da função*** *ou* ***raiz da função*** f *todo elemento* x *pertencente ao domínio de* f *que satisfaz a equação* $f(x) = 0$.

Exemplo 3.6. *Observe que* 0 *é a raiz da função* $g(x) = \sqrt{x}$, *uma vez que* $g(0) = \sqrt{0} = 0$. *Na função* $f(x) = \frac{1}{x}$, *não existem zeros, visto que o conjunto imagem de* f *é* $\mathbb{R}^*$. *Na função* $h(x) = \dfrac{\sqrt{x+1}}{x-2}$, *o número* -1 *é um zero da função, pois*

$$h(-1) = \frac{\sqrt{-1+1}}{-1-2} = \frac{\sqrt{0}}{-3} = 0.$$

3.2.2 Operações algébricas com funções

A partir de duas ou mais funções, é possível realizar operações matemáticas como adição, subtração, multiplicação e divisão de funções, assim como é feito para números. Por exemplo, considerando duas funções f e g, e um número real x que pertence à interseção dos domínios de f e g, é possível multiplicar os números reais $f(x)$ e $g(x)$ para obter um novo número real $f(x) \cdot g(x)$. Dessa forma, é possível definir uma nova função h que associa a cada número x comum entre os domínios de f e g o número $h(x) = f(x) \cdot g(x)$.

Definição 3.3. *Sejam* f *e* g *funções onde* $D(f) \cap D(g) \neq \emptyset$.

(a) *A* ***multiplicação de uma constante*** $\alpha \in \mathbb{R}$ ***por*** f *é definida por*

$$(\alpha f)(x) = \alpha \cdot f(x).$$

(b) *A* ***soma*** *de* f *e* g *é a função* $f + g$ *definida por*

$$(f + g)(x) = f(x) + g(x).$$

(c) *O* ***produto*** *de* f *e* g *é a função* $f \cdot g$ *definida por*

$$(f \cdot g)(x) = f(x) \cdot g(x).$$

(d) *O **quociente** de f e g é a função $\dfrac{f}{g}$ definida por*

$$\left(\frac{f}{g}\right)(x) = \frac{f(x)}{g(x)}.$$

Observação 3.2. *Note que, na definição 3.3, o item (a) estabelece que o domínio da função αf é o mesmo que o domínio da função f. Já nos itens (b) e (c), o domínio de cada função resultante é dado pela interseção dos domínios de f e g, ou seja, $D(f) \cap D(g)$. Quanto à função quociente, seu domínio é o conjunto de números reais x que pertencem à interseção dos domínios de f e g, tal que $g(x) \neq 0$. Caso não seja especificado, consideramos que o contradomínio das funções definidas na definição 3.3 é o conjunto dos números reais.*

A afirmação a seguir é estabelecida a partir da utilização da Definição 3.3 e da Proposição 2.3.

Proposição 3.1. *Sejam f, g, u e v funções reais, onde u e v não são identicamente nulas. São válidas as seguintes igualdades:*

(a) ***Soma de frações:***

$$\frac{f}{u} + \frac{g}{v} = \frac{f}{u}\left(\frac{v}{v}\right) + \frac{g}{v}\left(\frac{u}{u}\right) = \frac{fv}{uv} + \frac{gu}{vu} = \frac{fv + gu}{uv}.$$

(b) ***Subtração de frações:***

$$\frac{f}{u} - \frac{g}{v} = \frac{f}{u}\left(\frac{v}{v}\right) - \frac{g}{v}\left(\frac{u}{u}\right) = \frac{fv}{uv} - \frac{gu}{vu} = \frac{fv - gu}{uv}.$$

(c) ***Multiplicação de frações:***

$$\left(\frac{f}{u}\right)\left(\frac{g}{v}\right) = \frac{fg}{uv}.$$

(d) ***Divisão de frações:*** *Se a função g não é identicamente nula, então*

$$\frac{\left(\frac{f}{u}\right)}{\left(\frac{g}{v}\right)} = \left(\frac{f}{u}\right)\left(\frac{v}{g}\right) = \frac{fv}{ug} \quad e \quad \frac{\left(\frac{f}{u}\right)}{g} = \left(\frac{f}{u}\right)\left(\frac{1}{g}\right) = \frac{f}{ug}.$$

(e) ***Cancelamento de fatores iguais:*** *Se f, g, u e v não nulas, então*

$$\frac{fu}{fv} = \frac{u}{v} \quad e \quad \frac{fu + fv}{fg} = \frac{f(u+v)}{fg} = \frac{u+v}{g}.$$

Demonstração: Exercício. □

3.3 Gráfico de uma função

É fundamental ressaltar que uma função pode ser representada graficamente no **plano cartesiano** por meio de duas retas reais perpendiculares entre si, conhecidas como **eixos das abscissas e das ordenadas**, que se interceptam no ponto 0, também chamado de **origem**. A partir desse ponto, adotam-se como **sentidos positivos** o da esquerda para a direita (no eixo das abscissas) e o de baixo para cima (no eixo das ordenadas). Essa convenção permite dividir o plano em quatro quadrantes, como ilustrado na Figura 3.1.

Figura 3.1:

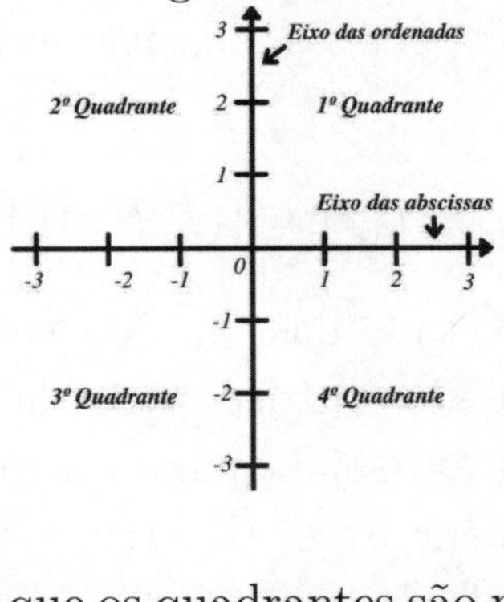

É importante ressaltar que os quadrantes são numerados no sentido anti-horário, sendo o primeiro quadrante aquele que contém pontos com coordenadas positivas tanto no eixo das abscissas quanto no das ordenadas. O segundo quadrante é formado por pontos com coordenadas negativas no eixo das abscissas e positivas no das ordenadas. Já o terceiro quadrante contém pontos com coordenadas negativas em ambos os eixos, e o quarto quadrante é formado por pontos com coordenadas positivas no eixo das abscissas e negativas no das ordenadas.

Na representação gráfica de uma função no plano cartesiano, o eixo das abscissas é utilizado para marcar os valores do domínio da função, enquanto o eixo das ordenadas é utilizado para marcar os valores da imagem da função. Desse modo, a cada par ordenado é associado um único ponto P em um determinado quadrante. Por exemplo, ao localizar os pontos $P = (-1, 2)$, $Q = (2, 0)$ e $U = (-2, -2)$, obtemos a representação visual apresentada na Figura 3.2.

Figura 3.2:

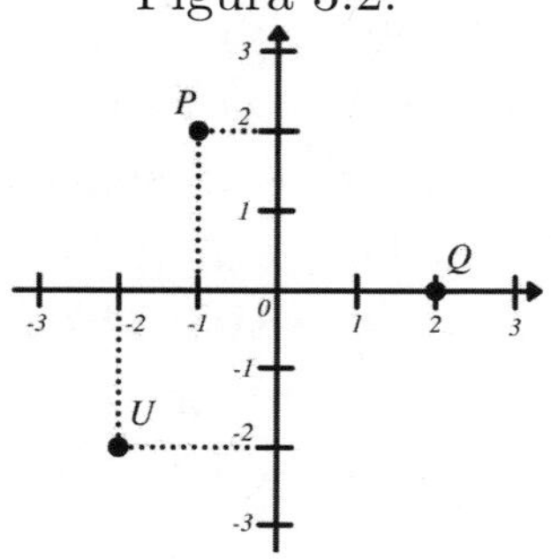

Definição 3.4. *O gráfico de uma função f é definido como o conjunto formado por todos os pontos $(x, f(x))$ de um plano cartesiano, onde x pertence ao domínio de f.*

$$\textbf{\textit{Notação:}}\ Graf(f) = \{(x, f(x)) \mid x \in D(f)\}.$$

Antes de iniciarmos o estudo das funções, cabe ressaltar que os pontos $(x, 0)$ e $(0, y)$ são denominados **interceptos** da função f quando pertencem ao conjunto $Graf(f)$, ou seja, quando a função assume o valor zero em um desses pontos. Se $(x, 0) \in Graf(f)$, então $(x, 0)$ é chamado de $x-$**intercepto** de f. Analogamente, se $(0, y) \in Graf(f)$, então $(0, y)$ é denominado de $y-$**intercepto** de f. (ver Figura 3.3).

Figura 3.3:

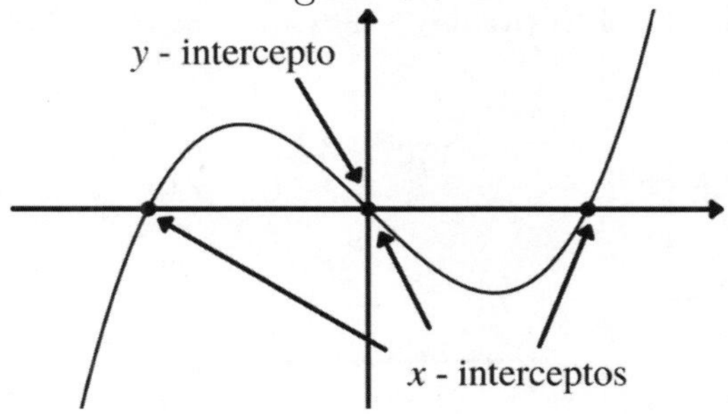

3.4 Funções constantes

As **funções constantes** são funções escritas na forma $f(x) = k$, onde $k \in \mathbb{R}$, ou seja, a função f associa qualquer número real x a um valor fixo k. Quando $k \neq 0$, a representação gráfica é sempre uma reta paralela ao eixo x com y-intercepto $(0, k)$. Quando $k = 0$, a função constante $f(x) = 0$ é chamada de **função nula**, e sua representação gráfica é o eixo das abscissas. Na Figura 3.4, são apresentados exemplos de esboços dos gráficos das funções constantes $f(x) = 3$ e $g(x) = -2$.

Figura 3.4:

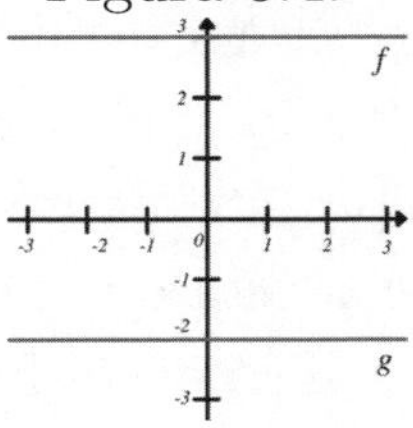

3.5 Funções lineares

As funções definidas por $f(x) = ax$, onde $a \in \mathbb{R}^*$, são denominadas **funções lineares**. O esboço gráfico de f é uma reta inclinada em relação ao eixo x, com intercepto somente no ponto $(0, 0)$. Quando $a = 1$, a função $f(x) = x = Id(x)$ é chamada de **função identidade**. O esboço gráfico da função identidade é uma reta que passa pela origem com inclinação de $\frac{\pi}{4}$ radianos em relação ao eixo positivo das abscissas (ver Figura 3.5).

Figura 3.5:

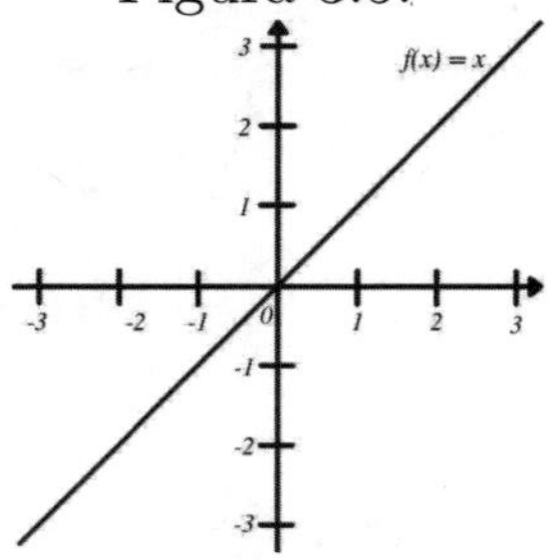

3.6 Funções lineares afins

Denominamos **funções lineares afins** as funções que podem ser escritas na forma $y = ax + b$ com $a, b \in \mathbb{R}^*$. O esboço do seu gráfico é uma reta inclinada em relação ao eixo x. Analisando para $y = 0$, temos $x = \frac{-b}{a}$, ou seja, o x-intercepto da função linear afim é o ponto $(\frac{-b}{a}, 0)$. Para $x = 0$, temos que $y = b$ e o y-intercepto da função é o ponto $(0, b)$.

Para esboçarmos o gráfico de uma função linear afim, nós precisamos determinar seus dois interceptos e, em seguida, traçar a reta que passa por esses dois pontos. No caso da função $f(x) = 2x+4$, o x-intercepto é o ponto $(\frac{-4}{2}, 0) = (-2, 0)$ e o y-intercepto é o ponto $(0, 4)$. Com base nesses dois pontos, nós conseguimos traçar a reta que representa a função. Na Figura 3.6, podemos ver o esboço do gráfico dessa função.

Figura 3.6:

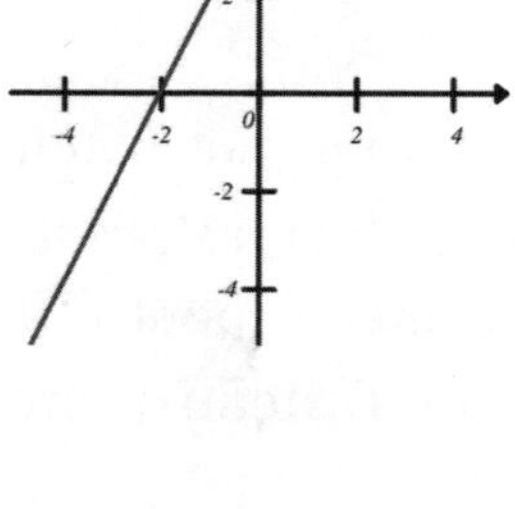

Coeficiente angular de funções lineares e lineares afins

O **coeficiente angular** de uma função definida por $f(x) = y = ax + b$, onde $a, b \in \mathbb{R}$ com $a \neq 0$, é a variação sofrida pela ordenada $f(x)$ de um ponto pertencente ao gráfico quando a abscissa x sofre um aumento de uma unidade. A seguir, mostraremos que o coeficiente angular tem valor igual a a.

Figura 3.7:

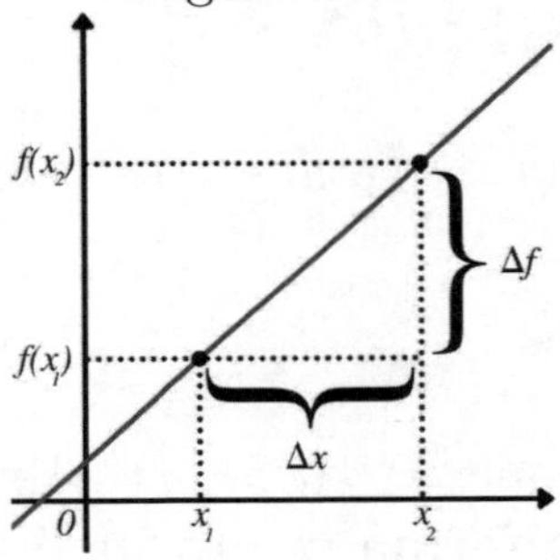

De maneira mais geral, para calcularmos o coeficiente angular de uma função linear afim, precisamos da informação de dois pontos pertencentes ao gráfico da função. Mais precisamente, suponhamos que $(x_1, f(x_1))$ e $(x_2, f(x_2))$ são pontos do gráfico da função. Entre esses pontos, a variação de x é $\Delta x = x_2 - x_1$ e a variação de f é $\Delta f = f(x_2) - f(x_1)$ (ver Figura 3.7). Assim, o coeficiente angular é a razão

$$\begin{aligned}
\frac{\Delta f}{\Delta x} &= \frac{f(x_2) - f(x_1)}{x_2 - x_1};\\
&= \frac{(ax_1 + b) - (ax_2 + b)}{x_2 - x_1};\\
&= \frac{ax_1 + b - ax_2 - b}{x_2 - x_1};\\
&= \frac{a(x_1 - x_2)}{x_2 - x_1} = a.
\end{aligned}$$

Cabe ressaltar que, conhecendo o coeficiente angular a de uma função linear (ou função linear afim) f e um ponto do seu gráfico $(x_0, f(x_0))$, podemos determinar sua expressão. De fato, suponhamos que o ponto $(x, f(x))$ pertença ao gráfico da função onde $x \neq x_0$. Então, do parágrafo anterior segue que o coeficiente angular é dado por

$$\frac{f(x) - f(x_0)}{x - x_0} = a.$$

Multiplicando em ambos os lados da igualdade por $x - x_0$,

$$f(x) - f(x_0) = a(x - x_0),$$

$$f(x) - f(x_0) = ax - ax_0,$$

$$f(x) = ax + (f(x_0) - ax_0) = ax + b,$$

onde $b = f(x_0) - ax_0$. A equação $f(x) - f(x_0) = a(x - x_0)$, é chamada de **equação da função f na forma ponto-inclinação**.

Problemas resolvidos

Problema 3.1. *Para calcularmos o coeficiente angular da função f que liga os pontos $(-2, 3)$ e $(-3, 5)$, usaremos a fórmula*

$$\frac{\Delta f}{\Delta x} = \frac{f(x_2) - f(x_1)}{x_2 - x_1},$$

onde $(x_1, f(x_1)) = (-2, 3)$ e $(x_2, f(x_2)) = (-3, 5)$.

Assim, temos:

$$\frac{\Delta f}{\Delta x} = \frac{5 - 3}{-3 - (-2)} = \frac{2}{-1} = -2.$$

Portanto, o coeficiente angular da função é igual a -2.

Problema 3.2. *Determine o coeficiente angular da função linear afim*

$$3y - 2x = -3$$

e o ponto de interseção com o eixo das ordenadas (y-intercepto).

Solução: *Primeiramente, reorganizamos a equação $3y - 2x = -3$ na forma de função linear afim $y = ax + b$. Para isso, realizamos as seguintes operações algébricas:*

$$\begin{aligned} 3y - 2x &= -3; \\ 3y &= 2x - 3; \\ y &= \frac{2}{3}x - 1, \end{aligned}$$

obtendo assim o coeficiente angular $a = \frac{2}{3}$.

Agora, para encontrar o ponto de interseção da função com o eixo das ordenadas, ou seja, o y-intercepto, resolvemos a equação $y = \frac{2}{3}x - 1$ para $x = 0$:

$$y = \frac{2}{3} \cdot 0 - 1 = -1.$$

Portanto, o y-intercepto é o ponto $(0, -1)$.

Problema 3.3. *Calcule a equação da função que passa pelo ponto $(3, 2)$ e tem coeficiente angular $\frac{1}{3}$.*

Solução: *Usando a fórmula $y - y_0 = a(x - x_0)$, com $(x_0, y_0) = (3, 2)$ e $a = \frac{1}{3}$, obtemos*

$$\begin{aligned} y - 2 &= \frac{1}{3}(x - 3); \\ y - 2 &= \frac{x}{3} - 1; \\ y &= \frac{x}{3} + 1. \end{aligned}$$

Depreciação linear

O conceito de **depreciação** é amplamente utilizado na contabilidade para descrever os custos associados a bens duráveis, como imóveis, automóveis e instrumentos. A depreciação representa a perda de valor do bem ao longo do tempo, o que é inevitável devido ao uso, obsolescência e outros fatores.

A **depreciação linear** é um método comum para calcular a depreciação ao longo do tempo. Nesse método, o valor depreciado é calculado dividindo-se o custo original do bem pelo número de anos de sua vida útil. Assim, a depreciação é realizada de forma gradativa a cada ano, em valores iguais.

O **valor contábil** do bem é determinado pela diferença entre o valor original e o montante total da depreciação acumulada até a data. Em outras palavras, é o valor que resta do bem após a depreciação. O valor contábil é importante para a contabilidade da empresa, pois reflete o valor real do bem em seu balanço patrimonial.

Problema 3.4. *Uma marcenaria adquiriu uma serra esquadrejadeira de precisão no valor de R\$ 25.000, e ela possui uma vida útil de 10 anos. O valor residual no final dos dez anos é de R\$ 5.750. Descreva a equação linear que determina o valor contábil da máquina a cada ano.*

Solução: *Suponhamos que $V(t)$ represente o valor da máquina no final do ano t. A representação do valor inicial da máquina é determinada pelo par ordenado $(0, 25.000)$ e o valor residual da máquina é representado pelo par ordenado $(10, 5.750)$. O coeficiente angular da função linear afim que representa a depreciação anual da máquina é dado por:*

$$a = \frac{5.750 - 25.000}{10 - 0} = -1,925.$$

Utilizando a equação da função na forma ponto-inclinação, temos que a função valor da máquina é dada por:

$$V(t) - 25.000 = -1,925(t - 0)$$

$$V(t) = -1,925t + 25.000.$$

Para calcularmos o valor contábil da máquina no quinto ano, basta substituir $t = 5$ na equação linear que encontramos anteriormente:

$$V(5) = -1.925 \cdot 5 + 25.000 = R\$ \ 15.375.$$

Portanto, no quinto ano, o valor contábil da máquina é de R\$ 15.375.

Equações de oferta e demanda

Existem diversas aplicações em economia que envolvem funções lineares, como é o caso das **equações de oferta e demanda**. Na prática, algumas equações de oferta e demanda são aproximadas por funções lineares ou afins na faixa de valores de interesse. Uma **equação de demanda** expressa a relação entre o preço $p_d(x)$ de uma unidade de um produto e a quantidade solicitada x. O gráfico dessa equação é denominado **curva de demanda** e tende a mostrar que a quantidade de demanda diminui a cada aumento de preço.

Por outro lado, uma **equação de oferta** apresenta a relação entre o preço $p_o(x)$ da unidade de um produto e a quantidade fornecida x. O gráfico dessa equação é conhecido como **curva de oferta**, e essa curva é "crescente", pois os produtores de um produto desejam vender mais unidades se o preço unitário for mais alto.

Uma situação ideal seria quando o nível de produção estabilizasse no ponto de interseção dos gráficos das equações de demanda e oferta. Esse ponto é conhecido como **ponto de equilíbrio**. A coordenada x do ponto de equilíbrio é denominada **quantidade de equilíbrio**, e a coordenada $p_o(x) = p_d(x)$ é chamada de **preço de equilíbrio**. É possível determinar o ponto x de equilíbrio igualando as equações de demanda e oferta. A Figura 3.8 apresenta esboços de gráficos de equações de oferta e demanda.

Figura 3.8:

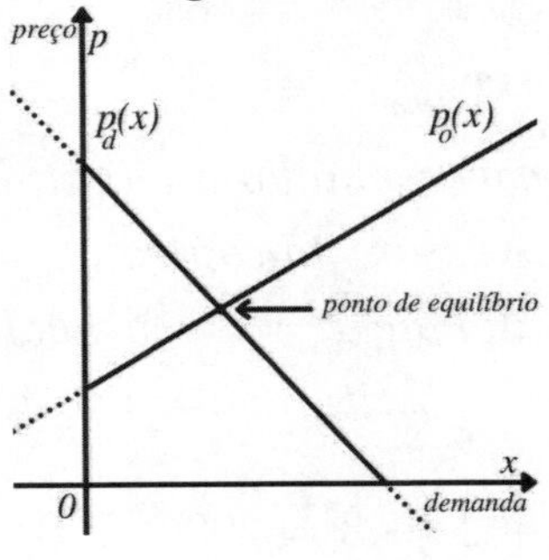

Na análise econômica, apenas as partes da curva que estão no primeiro quadrante são relevantes. Isso ocorre porque a oferta negativa indica que os produtos não estão disponíveis no mercado, seja porque não foram produzidos ou porque estão retidos até que um preço satisfatório seja oferecido. Da mesma forma, preços negativos significam que os compradores estão recebendo dinheiro para retirar produtos do mercado, enquanto a demanda negativa indica preços tão altos que impedem a atividade do mercado até que preços mais razoáveis sejam ofertados.

Embora essas situações possam ocorrer em teoria, elas são extremamente raras na prática e, portanto, a análise econômica geralmente se concentra nas partes positivas das curvas de oferta e demanda.

Problema 3.5. *As equações de demanda e oferta de uma marca de óculos são dadas por*

$$p_d(x) = 224 - 5,4x \quad (\textit{Equação de demanda.})$$

$$p_o(x) = 200 + 2,6x \quad (\textit{Equação de oferta.})$$

onde os preços $p_d(x)$ e $p_o(x)$ são em reais e x representa o número de unidades em milhões. Determine o ponto de equilíbrio para este mercado.

Solução: *Para determinar o ponto de equilíbrio, basta igualar as expressões de demanda e oferta e resolver para o valor de x que representa a quantidade de unidades onde as duas quantidades se encontram. Assim, temos:*

$$\begin{aligned} p_d(x) &= p_o(x); \\ 224 - 5,4x &= 200 + 2,6x; \\ 24 - 5,4x &= 2,6x; \\ 24 &= 8x; \\ x &= 3. \end{aligned}$$

O ponto de equilíbrio ocorre quando a quantidade demandada e ofertada é de 3 milhões de unidades. Para encontrar o preço correspondente nesse ponto, basta substituir o valor de $x = 3$ em qualquer uma das equações de demanda ou oferta. Assim, substituindo em $p_o(x)$, temos:

$$p_o(3) = 200 + 2,6 \cdot 3 = 200 + 7,8 = R\$\ 207,8.$$

Portanto, concluímos que o preço dos óculos deve ser de R\$ 207,80 para atingir o ponto de equilíbrio de 3 milhões de unidades demandadas e ofertadas.

O efeito dos impostos sobre o preço de equilíbrio

Considerando a situação apresentada no Problema 3.5, é relevante analisar o impacto de um imposto sobre o preço e a quantidade do produto, bem como sobre quem acaba pagando pelo imposto. Nesse sentido, serão considerados dois tipos de impostos:

(a) ***Imposto específico***, que se trata de uma quantia fixa cobrada por unidade do produto vendido, independentemente do preço de venda. Normalmente, tal imposto é suportado pelo produtor.

(b) ***Imposto de venda***, que se refere a uma porcentagem fixa aplicada sobre o preço de venda. Esse tipo de imposto é pago pelo consumidor.

Suponhamos que um imposto específico de $R\$ \ 20,00$ por unidade seja cobrado dos fornecedores. Isso significa que o preço de venda não fornece a mesma quantidade, já que os fornecedores recebem $p_o(x) - 20$, enquanto a demanda depende de $p_d(x)$ (preço pago pelo consumidor). Assim, o preço e a quantidade de equilíbrio são:

$$\begin{aligned} p_d(x) &= p_o(x) - 20; \\ 224 - 5,4x &= 200 + 2,6x - 20; \\ 224 - 5,4x &= 180 + 2,6x; \\ 44 - 5,4x &= 2,6x; \\ 44 &= 8x; \\ x &= 5,5. \end{aligned}$$

Agora temos que o preço de equilíbrio é de

$$p_0(5,5) = 200 + 2,6 \cdot (5,5) = 214,30.$$

Observa-se que o preço de equilíbrio aumentou em $R\$ \ 6,50$ como consequência da aplicação do imposto, sendo que esse valor é menor que o próprio valor do imposto. Dessa forma, o consumidor acaba pagando um valor adicional de $R\$ \ 6,50$ por unidade, em relação ao cenário em que o imposto não é aplicado, enquanto o governo recebe uma receita de $R\$ \ 20,00$ por item vendido. O produtor, por sua vez, paga $R\$ \ 13,50$ de imposto por unidade produzida, recebendo $R\$ \ 200,80$ da quantia paga pelo consumidor.

Cabe destacar que, embora o imposto seja de responsabilidade do produtor, parte desse custo é repassada ao consumidor, por meio de um aumento no preço final do produto. Em outras palavras, o custo efetivo do imposto é dividido entre o consumidor e o produtor.

Vínculo orçamentário

Uma discussão que envolve os parlamentares do Congresso Nacional todos os anos é sobre o vínculo orçamentário. Em geral, quanto mais gastamos com as Forças Armadas, menos fica disponível para a Saúde e vice-versa. Suponhamos que tenhamos um orçamento constante. Demonstraremos que a relação entre o investimento nas Forças Armadas e na Saúde é linear. Consideramos que existem $R\$$ 125 bilhões para serem gastos entre suprimentos para as Forças Armadas e para a Saúde. Suponha que os gastos com suprimentos de um quartel sejam de $R\$ \; 12,5$ milhões e de um hospital sejam de $R\$$ 20 milhões. Denotaremos, respectivamente, por Q e H a quantidade de quartéis e hospitais. Assim, a quantia gasta com quartéis é de $R\$ \; 12,5 \; Q$ milhões e a quantia gasta com hospitais é de $R\$ \; 20 \; H$ milhões. Assim,

$$12,5 \cdot 10^6 \; Q + 20 \cdot 10^6 \; H = 125 \cdot 10^9;$$

$$12,5 \; Q + 20 \; H = 125.000 \; .$$

A equação é o **vínculo orçamentário**. Para esboçarmos seu gráfico, primeiro calculamos os pontos em que o esboço do gráfico corta os eixos.

Se $H = 0$, então $12,5 \; Q + 20 \cdot 0 = 125.000 \Leftrightarrow Q = 10.000$.

Se $Q = 0$, então $12,5 \; Q + 20 \cdot 0 = 125.000 \Leftrightarrow H = 6250$.

Como os gastos com quartéis determinam os gastos com hospitais, temos que Q é uma função de H. Analogamente, os gastos com hospitais determinam os gastos com quartéis, ou seja, H é uma função de Q. O vínculo orçamentário representa uma função ***definida implicitamente***, porque nenhuma das quantidades é dada explicitamente em termos da outra.

Ao resolvermos a equação em relação a Q, obtemos

$$Q = 10.000 - 1,6 \; H,$$

que é uma função explícita de Q em função de H. Analogamente, temos

$$H = 6250 - 0,625 \; Q,$$

que é uma função explícita de H em função de Q. Como se trata de funções lineares, o esboço do gráfico é uma reta (ver Figura 3.9).

Figura 3.9:

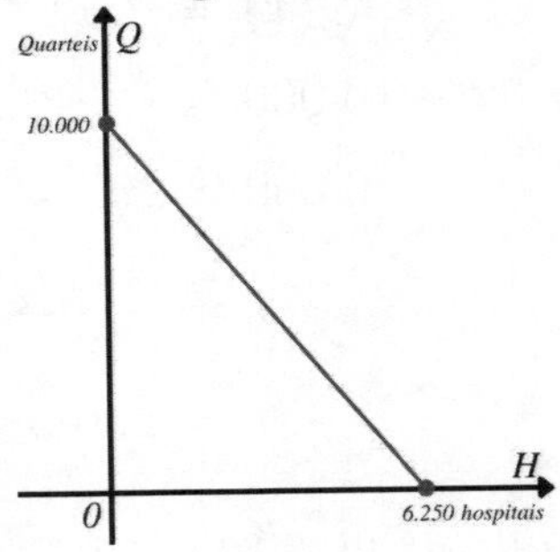

Análise do ponto de *break-even*

Uma aplicação envolvendo funções lineares (ou funções lineares afins) é a **análise do ponto de break-even**. Tal análise visa identificar a quantidade de unidades que devem ser vendidas de um dado produto para que a receita total compense o custo total investido nesse produto. O **custo total** da produção em x unidades de um produto é denotado por $C(x)$ e a **receita total** da venda de x unidades do produto é representada pela letra $R(x)$. Assim, para localizarmos o ponto de *break-even* basta igualar o custo total com a receita total e resolver a equação na incógnita x.

Esse ponto representa o momento em que a empresa não tem lucro nem prejuízo na produção e venda do produto em questão. A partir desse ponto, cada unidade vendida gera lucro para a empresa.

A análise do ponto de break-even é uma ferramenta para auxiliar na tomada de decisões empresariais, tais como a definição de preços, a determinação do volume de produção e a elaboração de estratégias de marketing.

Problema 3.6. *Uma fábrica de canetas tem um custo de R\$ 0,50 por unidade e as vende por R\$ 2,50 a unidade. O investimento inicial da fábrica para produzir canetas foi de R\$ 10.000. Qual é a quantidade de produtos que a fábrica de canetas deve vender para atingir o ponto de break-even?*

Solução: *O custo total da produção de x unidades de canetas é dado por $C(x) = 0,5x + 10.000$. Já a receita total da venda de x unidades de* *canetas é dada por* $R(x) = 2,5x$. *Para determinarmos o ponto de break-even, basta igualarmos as equações do custo e da receita e resolvermos para* x*:*

$$\begin{aligned} C(x) &= R(x); \\ 0,5x + 10.000 &= 2,5x; \\ 10.000 &= 2x; \\ x &= \frac{10.000}{2}; \\ x &= 5.000. \end{aligned}$$

Portanto, a fábrica de canetas precisa vender 5.000 *unidades para atingir o ponto de break-even.*

Função consumo e função poupança

Considerando a situação de um trabalhador que possui uma renda disponível (renda menos os impostos) variável mês a mês e uma despesa mensal fixa de $R\$$ $1.500,00$, suponha que esse trabalhador gaste em consumo de bens e serviços 60% da renda disponível, além do valor fixo de $R\$$ $1.500,00$. Chamando de $C(x)$ o consumo e x a renda disponível, temos:

$$C(x) = 1.500 + 0,6x.$$

A igualdade acima é chamada de **função consumo**. A diferença entre a renda disponível e o consumo é chamada de **função poupança**, usualmente indicada por $S(x)$. Assim,

$$\begin{aligned} S(x) &= x - C(x); \\ S(x) &= x - (1.500 + 0,6x); \\ S(x) &= 0,4x - 1.500. \end{aligned}$$

A partir da última igualdade, podemos afirmar que a função poupança também depende da renda disponível. O gasto fixo de $R\$$ $1.500,00$ é chamado de **consumo autônomo**.

Observe que, na função poupança, se $x = 3.750$, então

$$S(3.750) = 0,4(3.750) - 1.500 = 0,$$

ou seja, $R\$ \ 3.750,00$ é a renda mínima necessária para não haver endividamento (ou uso do dinheiro da poupança). De maneira geral, podemos escrever as funções consumo e poupança da seguinte forma:

$$C(x) = C_0 + mx;$$

e

$$\begin{aligned} S(x) &= x - C(x); \\ &= -C_0 + (1-m)x. \end{aligned}$$

A constante C_0 é o consumo autônomo, m é chamado de **propensão marginal a consumir** e $(1-m)$ é chamado de **propensão marginal a poupar**.

3.6.1 Exercícios propostos

Exercício 3.1. *Calcule o coeficiente angular (se possível) da função linear (ou linear afim) que passa pelos pontos:*

(a) $(3,5)$ *e* $(7,0)$;

(b) $(2,1)$ *e* $(5,9)$;

(c) $(0,\frac{1}{2})$ *e* $(\frac{4}{3},0)$;

(d) $(1,1)$ *e* $(0,0)$.

Exercício 3.2. *Determine o coeficiente angular e o* y*-intercepto (se existir) das funções dadas:*

(a) $y = 2x - 1$;

(b) $4y = \frac{x}{2} - 5$;

(c) $\frac{y}{4} = \frac{7x}{5} - \frac{1}{2}$;

(d) $\frac{2y}{3} + \frac{9x}{5} = \frac{7}{3}$.

Exercício 3.3. ***(Ponto de break-even)***
Um carro da empresa A, com motor a gasolina, custa $R\$ \ 43.730$. *Um carro de uma empresa B, com motor híbrido, custa* $R\$ \ 85.900$. *O carro da empresa A percorre* 14 *quilômetros por litro de gasolina, e o carro da empresa B percorre* 18 *quilômetros por litro de gasolina. Suponha que o preço da gasolina seja de* $R\$ \ 4,50$.

(a) *Mostre que o custo* C_A *para percorrer* x *quilômetros com o carro da empresa A é dado por* $C_A = 43.730 + \dfrac{4,5x}{14}$.

(b) *Mostre que o custo* C_B *para percorrer* x *quilômetros com o carro da empresa B é dado por* $C_B = 85.900 + \dfrac{4,5x}{18}$.

(c) *Determine o ponto de break-even a partir do qual a quilometragem do carro híbrido torna-se mais econômica do que o carro movido somente a gasolina.*

Exercício 3.4. ***(Conversão de medidas)***
As escalas termométricas, Fahrenheit e Celsius são funções lineares de grandezas como a altura da coluna de um líquido ou pressão de um gás. Sabendo que 0 ℃ = 32 °F *e* 100 ℃ = 212 °F,

(a) *escreva a função termométrica que relaciona essas escalas;*

(b) *converta* 25 ℃ *para* °F;

(c) *converta* 93 °F *para* ℃.

Exercício 3.5. ***(Oferta e demanda)***
As equações de oferta e demanda de um livro são dadas por

$$p_o(x) = 60 + 4x; \quad \textit{(Equação de oferta)}$$

$$p_d(x) = 130 - 10x; \quad \textit{(Equação de demanda)}$$

em que os preços são em reais e x *representa o número de unidades em centenas.*

(a) *Determine o ponto de equilíbrio para esse mercado.*

(b) *Suponha que existe um imposto de venda de 5% sobre o consumidor, de modo que o consumidor paga* $p_0(x) + 0,05 \cdot p_0(x)$.

(c) *Suponha que o imposto de vendas seja cobrado do fornecedor, em vez do consumidor, de modo que o preço para o fornecedor é* $p_d(x) - 0,05 \cdot p_d(x)$.

Exercício 3.6. ***(Depreciação linear)***
Uma motocicleta possui o valor de R$ 22.000. Sabendo que esta motocicleta tem uma vida útil de 500.000 quilômetros rodados e estimando que o seu valor no final será de R$ 3.000, escreva a função linear (ou linear afim) que forneça o valor y *da motocicleta durante sua vida útil.*

Exercício 3.7. ***(Depreciação linear)***
Uma placa de vídeo de alta qualidade é comprada por R\$ 18.000 e, após 5 anos, seu valor estimado é de R\$ 8.000. Determine:

(a) *Qual é a equação do valor daqui a x anos?*

(b) *Qual a depreciação total depois de 7 anos?*

(c) *Em quantos anos a placa de vídeo não terá mais valor de venda?*

Exercício 3.8. ***(Vínculo orçamentário)***
Considerando que existem R\$ 250 bilhões para serem gastos em Educação e Infraestrutura. Suponhamos que o gasto médio de uma instituição de ensino é de R\$ 1,5 milhão e o da manutenção das estradas é em média de R\$ 5 milhões. Determine a equação do vínculo orçamentário.

Exercício 3.9. ***(UFPI-2001)*** *O gráfico 3.10 mostra como a resistividade elétrica, ρ, do cobre varia com a temperatura, T. Marque, entre as alternativas a seguir, aquela que representa a resistividade elétrica do cobre em função da temperatura, T, no intervalo correspondido entre 200 K e 500 K, sendo a e b constantes.*

(a) $\rho = aT + b$;

(b) $\rho = a + \frac{b}{T^2}$;

(c) $\rho = aT^2 + b$;

(d) $\rho = aT$;

(e) $\rho = a + \frac{b}{T}$.

Figura 3.10:

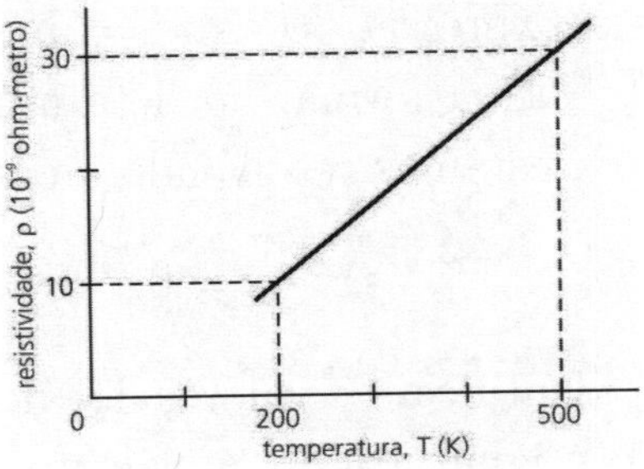

Exercício 3.10. ***(Consumo e poupança)***
Dada a função consumo de uma família dada por $C(x) = 1.200 + 0,7x$, determine:

(a) *A função poupança.*

(b) *A renda mínima para que a poupança não seja negativa.*

Exercício 3.11. ***(Consumo e poupança)***
Se um trabalhador tem um consumo autônomo de R\$ 700,00 e uma propensão marginal a consumir igual a 0,7, obtenha:

(a) *A função consumo.* (b) *A função poupança.*

Exercício 3.12. ***(Consumo e poupança)***
Se a função poupança de uma família é dada por $S(x) = -900 + 0,4x$, *determine:*

(a) *A função consumo.*

(b) *A renda que induza um consumo de R\$ 1.100,00.*

3.7 Funções quadráticas

Um dos problemas mais antigos da matemática é determinar dois números conhecendo a sua soma e o seu produto. Vamos utilizar a notação s para representar a soma desses dois números e p para representar o produto deles. Considerando x como um desses números, o outro número é determinado por $s - x$.

Ao utilizarmos a condição de que $(s - x) \cdot x = p$ e desenvolvermos essa multiplicação, obtemos a expressão $sx - x^2 = p$. Isso pode ser reescrito como $x^2 - sx + p = 0$. Dessa forma, ao determinarmos o valor de x (e consequentemente, $s - x$), estamos resolvendo a equação quadrática

$$x^2 - sx + p = 0.$$

Em outras palavras, identificar os valores dos dois números cuja soma é igual a s e cujo produto é igual a p é equivalente a encontrar os zeros da função quadrática $f(x) = x^2 - sx + p$.

As funções descritas na forma $f(x) = ax^2 + bx + c$, com $a, b, c \in \mathbb{R}$ e $a \neq 0$, são chamadas de **funções quadráticas**. Os valores a, b e c são chamados de **coeficientes da função quadrática**.

Um método útil nos estudos das funções quadráticas é o chamado **completamento do quadrado**. Esse método é baseado na seguinte igualdade:

$$x^2 + bx = \left(x + \frac{b}{2}\right)^2 - \frac{b^2}{4}.$$

A partir dessa igualdade, podemos reescrever a função quadrática

$$f(x) = ax^2 + bx + c,$$

com a, b e c sendo coeficientes reais e $a \neq 0$, da seguinte maneira:

$$\begin{aligned} f(x) = ax^2 + bx + c &= a\left(x^2 + \frac{b}{a}x\right) + c; \\ &= a\left[\left(x + \frac{b}{2a}\right)^2 - \frac{b^2}{4a^2}\right] + c; \\ &= a\left(x + \frac{b}{2a}\right)^2 - \frac{b^2}{4a} + c; \\ &= a\left(x + \frac{b}{2a}\right)^2 + \frac{4ac - b^2}{4a}. \end{aligned}$$

Denotando $m = \frac{-b}{2a}$ e $k = \frac{(4ac-b^2)}{4a}$, temos $f(x) = a(x - m)^2 + k$.

A última expressão é chamada de **forma canônica** da função $f(x)$. Se $a > 0$, então $f(m) = k$ é o menor valor que a função f pode assumir. Se $a < 0$, então $f(m) = k$ é o maior valor possível da função f. Analisando a forma canônica, podemos deduzir as raízes de f (caso existam). Chamamos de **discriminante** da função quadrática f o número $\Delta = b^2 - 4ac$. Se $\Delta \geq 0$, então as raízes da equação $ax^2 + bx + c = 0$ são dadas por:

$$
\begin{aligned}
a(x-m)^2 &= -k;\\
(x-m)^2 &= \frac{-k}{a};\\
(x-m)^2 &= \frac{b^2-4ac}{4a^2};\\
x-m &= \pm\frac{\sqrt{\Delta}}{2a};\\
x &= m \pm \frac{\sqrt{\Delta}}{2a};\\
x &= \frac{-b \pm \sqrt{\Delta}}{2a}.
\end{aligned}
$$

A última sentença é referenciada como **fórmula de Bháskara**. Da equação $f(x) = 0$, podemos analisar as raízes da função f a partir do discriminante (ver Tabela 3.1).

Valor de Δ	Raízes de f
$\Delta > 0$	$x = \frac{-b \pm \sqrt{\Delta}}{2a}$
$\Delta = 0$	$x = \frac{-b}{2a}$
$\Delta < 0$	$\nexists$

Tabela 3.1:

A justificativa de $\Delta < 0$ implica que não possuímos raízes reais para a função, seguindo da forma canônica $f(x) = a(x-m)^2 + k$. De fato, como $\Delta = -4ak$, se Δ for negativo, então a e k possuem o mesmo sinal. Dessa forma, temos que $f(x) > 0$ (a e k positivos) ou $f(x) < 0$ (a e k negativos) para qualquer $x \in \mathbb{R}$. Podemos afirmar, portanto, que, independentemente dos sinais de a e k, a função f nunca se anula.

Os esboços dos gráficos das funções quadráticas sempre são parábolas. Como $f(0) = a(0)^2 + (0)x + c = c$, temos que $(0, c) \in Graf(f)$ é um y-intercepto de f. A partir da forma canônica de f, obtemos que $f(m) = k$ é o maior ou o menor valor que a função f assume de acordo com o sinal de a. O ponto $(m, k) \in Graf(f)$ é chamado de **vértice da parábola** e o **eixo de simetria** da parábola é determinado pela equação $x = m = -\frac{b}{2a}$. Assim, o vértice de f é dado explicitamente pela fórmula:

$$v_f = \left(-\frac{b}{2a}, -\frac{\Delta}{4a}\right).$$

Quando o coeficiente $a > 0$, o esboço da concavidade é no sentido positivo do eixo das ordenadas (para cima) e, no caso $a < 0$, o esboço da concavidade é no sentido negativo do eixo das ordenadas (para baixo).

Se $\Delta > 0$, então a função quadrática possui duas raízes reais distintas, garantindo que o esboço da parábola intercepta o eixo das abscissas em dois pontos.

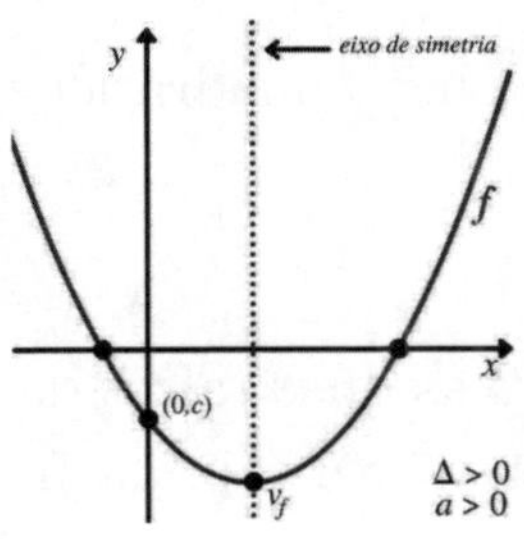

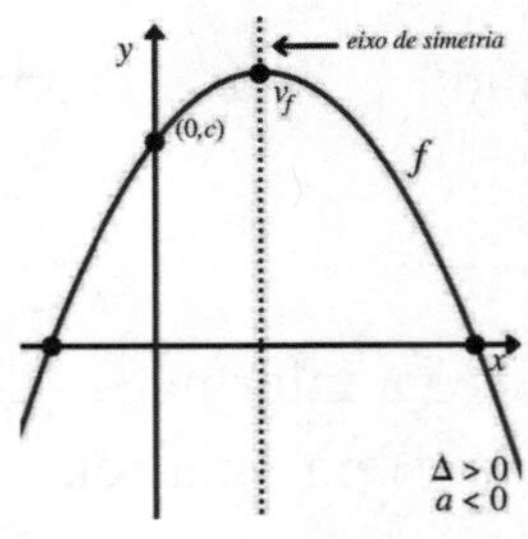

Se o discriminante Δ for igual a zero, então a função quadrática terá uma única raiz real (com grau de multiplicidade 2), o que significa que o esboço da parábola interceptará o eixo das abscissas em um único ponto.

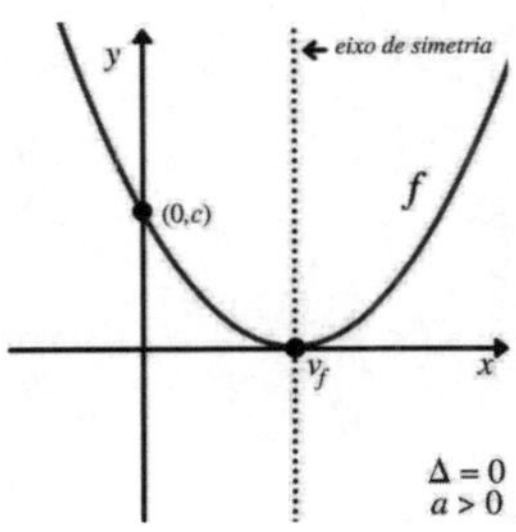

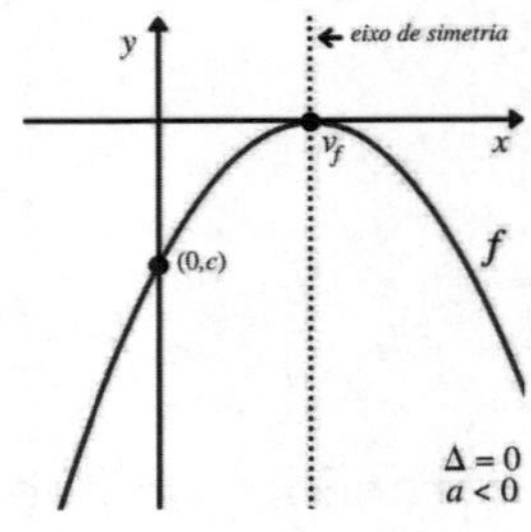

Caso $\Delta < 0$, a função quadrática não possui raízes reais, o que implica que o esboço da parábola não intercepta o eixo das abscissas.

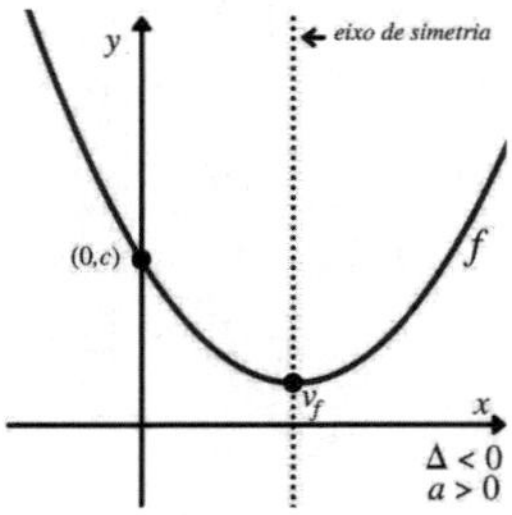

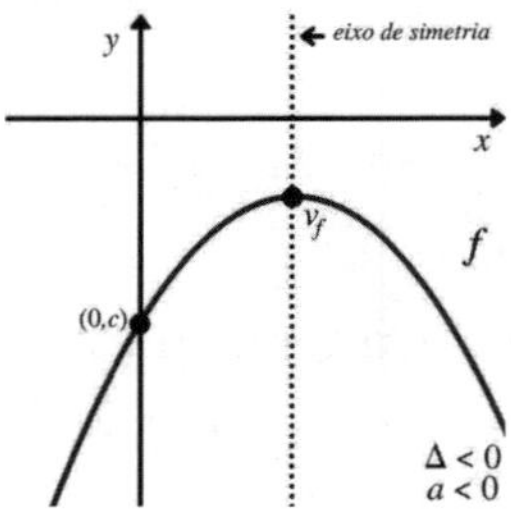

Nesses esboços apresentados, consideramos implicitamente que o eixo de simetria está localizado no lado positivo do eixo das abscissas. Quando o eixo de simetria está no lado negativo do eixo das abscissas, o esboço é análogo.

Além disso, se x_1 e x_2 são raízes de uma função quadrática f, também podemos escrever a função na sua **forma fatorada**, dada por

$$f(x) = a(x - x_1)(x - x_2).$$

Quando $x_1 \neq x_2$, a **expressão fatorada** da função quadrática

$$f(x) = ax^2 + bx + c$$

nos fornece a informação de que, se x estiver entre as duas raízes da função, então $f(x)$ tem sinal oposto de a. Caso contrário, x é raiz da função ou $f(x)$ tem o mesmo sinal de a.

A seguir, estudaremos algumas propriedades das funções quadráticas.

Proposição 3.2. *Seja $f(x) = ax^2 + bx + c$ uma função quadrática com raízes reais*

$$\alpha = \frac{-b + \sqrt{\Delta}}{2a} \quad e \quad \beta = \frac{-b - \sqrt{\Delta}}{2a}.$$

Então:

(a) $\alpha + \beta = -\dfrac{b}{a}$; **(b)** $\alpha \cdot \beta = -\dfrac{k}{a}$; **(c)** $\dfrac{\alpha + \beta}{2} = m$.

Demonstração: De fato:

(a)

$$\begin{aligned}\alpha+\beta &= \frac{-b+\sqrt{\Delta}}{2a}+\frac{-b-\sqrt{\Delta}}{2a}\\ &= \frac{-2b}{2a}\\ &= -\frac{b}{a}.\end{aligned}$$

(b)

$$\begin{aligned}\alpha\cdot\beta &= \left(\frac{-b+\sqrt{\Delta}}{2a}\right)\cdot\left(\frac{-b-\sqrt{\Delta}}{2a}\right)\\ &= \frac{b^2-\Delta}{4a^2}\\ &= -\left(\frac{\Delta-b^2}{4a}\right)\cdot\left(\frac{1}{a}\right)\\ &= -\frac{k}{a}.\end{aligned}$$

(c)

$$\frac{\alpha+\beta}{2}=-\frac{b}{2a}=m.$$

□

Proposição 3.3. *Sejam x e y números positivos:*

(a) *Se $x+y=b>0$, então o maior valor possível para o produto $x\cdot y$ acontece quando $x=y$.*

(b) *Se $x\cdot y=c>0$, então o menor valor possível para a soma $x+y$ acontece quando $x=y$.*

(c) $\frac{x+y}{2}\geq\sqrt{xy}$. *A igualdade ocorre quando $x=y$.*

Demonstração:

(a) De $x + y = b$, temos $y = b - x$ e o produto é

$$xy = x(b - x) = -x^2 + bx.$$

A última expressão representa uma função quadrática em função de x com coeficiente $a = -1 < 0$. Assim, o valor máximo da função $-x^2+bx$ é quando

$$x = \frac{-b}{2a} = \frac{-b}{-2} = \frac{b}{2},$$

obtendo que

$$y = b - x = b - \frac{b}{2} = \frac{b}{2}.$$

(b) Como $xy = c$, segue que os valores possíveis para que $s = x + y$ são aqueles para os quais a equação $x^2 - sx + c = 0$ possui raízes reais, ou seja,

$$\Delta = s^2 - 4c \geq 0;$$

$$s^2 \geq 4c;$$

$$s \geq 2\sqrt{c}.$$

Note que o menor valor possível para a soma é $s = 2\sqrt{c}$, obtendo $\Delta = 0$. Portanto, a função quadrática $x^2 - sx + c$ admite raiz dupla $x = \frac{s}{2}$, concluindo também que $y = \frac{s}{2}$.

(c) Do item anterior, se $xy = c$, a soma $x + y$ é mínima quando $x = y$, ou seja, $x = y = \sqrt{c}$. Em particular, podemos concluir que

$$\begin{aligned} x + y &\geq 2\sqrt{c}; \\ x + y &\geq 2\sqrt{xy}; \\ \frac{x + y}{2} &\geq \sqrt{xy}; \end{aligned}$$

onde a igualdade ocorre quando $x = y = \sqrt{c}$.

□

Problemas resolvidos

Problema 3.7. ***(Área mínima)***
Determinar o valor de x da Figura 3.11, de tal maneira que a área do paralelogramo inscrito no retângulo seja mínima. Supõe-se que $a \leq b \leq 3a$.

Figura 3.11:

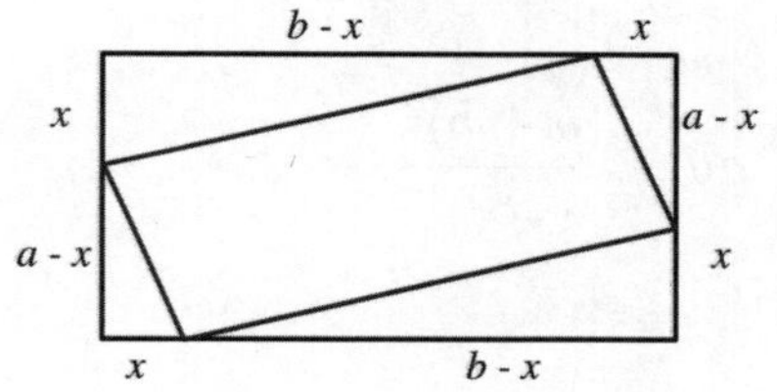

Solução: *Da Figura 3.11, podemos observar que a área do paralelogramo é igual à área do retângulo menos a soma das áreas dos quatro triângulos, ou seja,*

$$\begin{aligned} A_{pl} &= ab - 2\left(\frac{(a-x)x}{2}\right) - 2\left(\frac{(b-x)x}{2}\right); \\ &= ab - (a-x)x - (b-x)x; \\ &= 2x^2 - (a+b)x + ab. \end{aligned}$$

Da condição de que $0 \leq x \leq a$, o mínimo da função quadrática

$$A_{pl}(x) = 2x^2 - (a+b)x + ab,$$

ocorre no ponto $m = \dfrac{(a+b)}{4}$ *e*

$$\begin{aligned} A_{pl}(m) &= 2\left(\frac{(a+b)}{4}\right)^2 - (a+b)\left(\frac{(a+b)}{4}\right) + ab; \\ &= 2\left(\frac{(a+b)^2}{16}\right) - \frac{(a+b)^2}{4} + ab; \\ &= \frac{(a+b)^2}{8} - \frac{2(a+b)^2}{8} + ab; \\ &= ab - \frac{(a+b)^2}{8}. \end{aligned}$$

A condição $b \leq 3a$ *garante que* $b \leq 3a \Leftrightarrow a+b \leq 4a \Leftrightarrow \dfrac{a+b}{4} \leq a$. *Assim, temos que* $m \leq a$, *ou seja,* m *pertence ao domínio do problema. Portanto,* $x = m = \dfrac{(a+b)}{4}$ *é o valor desejado.*

Problema 3.8. ***(Esboço do gráfico)***
Esboce o gráfico da função $f(x) = x^2 - x - 6$.

Solução: *Aplicando a fórmula de Bhaskara na equação* $x^2 - x - 6 = 0$, *temos:*

$$\begin{aligned} x_{1,2} &= \frac{-b \pm \sqrt{b^2 - 4ac}}{2a}; \\ &= \frac{1 \pm \sqrt{1+24}}{2}; \\ &= \frac{1 \pm \sqrt{25}}{2}; \end{aligned}$$

$$\begin{cases} x_1 = 3; \\ x_2 = -2. \end{cases}$$

Os pontos $A = (-2, 0)$ *e* $B = (3, 0)$ *representam as interseções da função quadrática com o eixo* x, *ou seja, as raízes da equação* $f(x) = 0$. *O vértice da parábola é obtido a partir da fórmula* $\left(-\frac{b}{2a}, -\frac{\Delta}{4a}\right) = (0,5\ ,\ -6,25)$. *Além disso, o ponto* $(0, -6)$ *representa a interseção da função com o eixo* y*, ou seja, o valor de* $f(0)$*. Por ter coeficiente* $a = 1 > 0$*, a concavidade da parábola é voltada para cima. A Figura 3.12 representa o esboço do gráfico da função quadrática em questão.*

Figura 3.12:

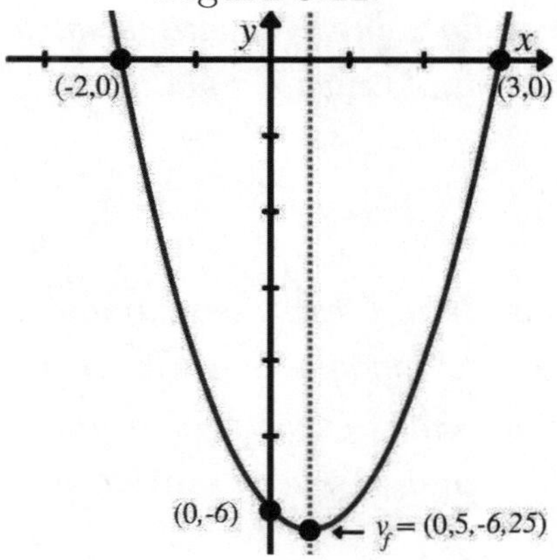

Problema 3.9. ***(Volume de caixa retangular)***
Uma caixa retangular sem tampa, de base quadrada, tem volume $250\ m^3$ *(ver Figura 3.13). Expresse a área* A *de sua superfície total como função da aresta* x *de sua base.*

Figura 3.13:

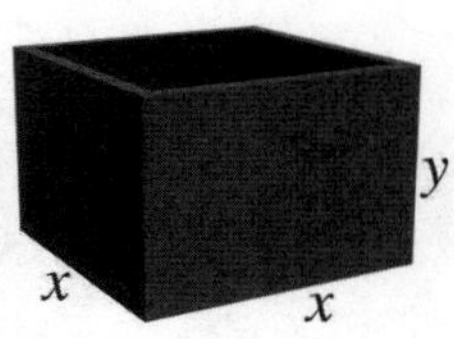

Solução: *Inicialmente, precisamos fazer um esboço e rotular as dimensões de interesse. Observamos na Figura 3.13 uma caixa retangular de base quadrada, com lado* x *e altura* y*. Sabemos que o volume da caixa é dado por*

$$V = x^2y = 250.$$

A partir da base da caixa, que possui área x^2, e dos seus lados verticais, que possuem área xy, podemos calcular a área total de sua superfície pela fórmula $A = x^2 + 4xy$. É importante destacar que essa fórmula envolve duas variáveis, x e y, e não permite a expressão de A como função de apenas uma variável.

Para eliminar a variável y e obter uma fórmula de A em termos somente de x, utilizamos a fórmula do volume V para isolar y em relação a x. Temos então que $y = \frac{250}{x^2}$. Substituindo na fórmula de A, chegamos a

$$A = x^2 + 4x \cdot \frac{250}{x^2} = x^2 + \frac{250}{x}.$$

Assim, a área da superfície é expressa como função do comprimento x pela fórmula $A = x^2 + \frac{250}{x}$, em que x pertence ao intervalo $(0, +\infty)$. É necessário destacar que devemos especificar o domínio da função, uma vez que valores negativos de x não possuem sentido para a função A.

Problema 3.10. ***(Cercado)***
Um gateiro tem um quintal enorme e precisa construir um gatil retangular para seus gatos não correrem o risco de serem envenenados ou atropelados na rua (ver Figura 3.14). Para economizar material, ele decide usar uma parede já existente em seu quintal. A cerca custa R\$ 50,00 o metro e a pintura da parede custa R\$ 10,00 o metro (incluindo a porta). Se o gateiro dispõe de R\$ 1.200,00, quais são as dimensões que maximizam a área do gatil?

Figura 3.14:

Solução: *A área A do gatil de comprimento x e largura y é $A = xy$. Teremos $x + 2y$ metros de cerca e x metros de muro. Multiplicando o comprimento de cada lado pelo seu custo por metro, obtemos o custo total C da*

cerca:

$$C = 50x + 100y + 10x.$$

Assim, $60x + 100y = 1200$, *pois* $C = 1200$, *que é o valor disponível para a construção. Utilizando a última equação para escrever* y *em função de* x, *temos:*

$$\begin{aligned} 60x + 100y &= 1200; \\ 100y &= 1200 - 60x; \\ y &= \frac{1200 - 60x}{100}; \\ y &= 12 - 0,6x. \end{aligned}$$

Desta forma, obtemos a seguinte expressão para a área do gatil em função do comprimento x:

$$A = x(12 - 0,6x) = 12x - 0,6x^2.$$

Para determinarmos qual é a maior área possível do gatil com o recurso disponível, precisamos identificar o comprimento x *que maximiza a área* A. *Para isso, calculamos o eixo de simetria da função quadrática* $A(x) = 12x - 0,6x^2$, *ou seja,*

$$x_{max} = -\frac{b}{2a} = -\frac{12}{2 \cdot (-0,6)} = \frac{12}{1,2} = 10\ m.$$

O valor máximo da largura do gatil é dado por

$$y_{max} = 12 - 0,6\,(10) = 6\ m.$$

Portanto, as medidas para se obter o maior espaço possível são aproximadamente 10 *metros de comprimento por* 6 *metros de largura.*

Movimento uniformemente variado

Dada uma função arbitrária $f(t)$, definimos a **taxa de variação média** da função f no intervalo $[t, t+h]$ como sendo o quociente

$$\frac{f(t+h) - f(t)}{h}.$$

A partir da taxa de variação média, podemos estudar os conceitos de aceleração, velocidade instantânea e velocidade média.

Uma aplicação conhecida das funções quadráticas na Física é o **movimento uniformemente variado** (MUV). Em nosso estudo, o problema consiste em um ponto móvel, que se desloca ao longo de um eixo, de modo que no instante t a posição do ponto é dada pela abscissa $s(t)$. O movimento uniformemente variado é descrito por uma função quadrática

$$s(t) = \frac{at^2}{2} + v_0 t + s_0,$$

em que a representa a **aceleração**; v_0 e s_0 são, respectivamente, a **velocidade inicial** e a **posição inicial** no instante $t = 0$.

Neste contexto, a taxa de variação média da função s no intervalo $[t, t+h]$,

$$\frac{s(t+h) - s(t)}{h} = \frac{\text{espaço percorrido}}{\text{tempo de percurso}}$$

é chamada de **velocidade média** do ponto no intervalo $[t, t+h]$. Calculando a velocidade média nesse intervalo, obtemos:

$$\begin{aligned} v_m(t, t+h) &= \frac{s(t+h) - s(t)}{h} \\ &= \frac{\dfrac{a(t+h)^2}{2} + v_0(t+h) + s_0 - \dfrac{at^2}{2} - v_0 t - s_0}{h} \\ &= \frac{a(t^2 + 2th + h^2) + 2v_0 h}{2h} \\ &= \frac{at^2}{2h} + at + v_0. \end{aligned}$$

Ao considerarmos valores cada vez menores de h, a expressão $at + v_0 + \frac{ah}{2}$ se aproxima de $at + v_0$. Dessa forma, podemos definir a **velocidade instantânea** como a função $v(t) = at + v_0$. É relevante salientar que, para quaisquer valores de t e h, a taxa de variação da função v no intervalo $[t, t+h]$ é dada por

$$\frac{v(t+h) - v(t)}{h} = \frac{a(t+h) + v_0 - (at + v_0)}{h} = \frac{ah}{h} = a.$$

Ou seja, a taxa de variação da função v é igual à aceleração a.

Podemos usar as propriedades das funções quadráticas para responder algumas situações referentes ao movimento uniformemente variado. Dessa forma, podemos calcular a velocidade instantânea do ponto em qualquer instante, bem como determinar a posição do ponto em um determinado instante de tempo. Além disso, podemos analisar o comportamento do ponto em relação à sua posição e velocidade e prever seu movimento futuro.

Exemplo 3.7. *Quando nos deparamos com o problema de movimento uniformemente variado de um corpo em queda livre de uma certa altura (que consideramos como coordenada zero em um eixo vertical, orientado para baixo), sujeito apenas à ação da gravidade e desprezando a resistência do ar, a velocidade inicial desse corpo é zero e sua posição inicial é dada por* $c = 0$. *A aceleração da gravidade é representada por* g *e seu valor, determinado experimentalmente, é* $g = 9,81\ m/s^2$. *Dessa forma, a coordenada do corpo após* t *segundos de queda é* $\frac{gt^2}{2} = y$, *o que significa que o corpo percorreu* y *metros em* $t = \sqrt{\frac{2y}{g}}$ *segundos.*

Exemplo 3.8. *Considere uma partícula em movimento sobre um eixo a partir de um ponto de abscissa* -3, *com velocidade inicial de* $8\ m/s$ *e aceleração constante de* $-4\ m/s^2$. *Determine:*

(a) *a altura máxima que a partícula atinge, ou seja, o maior valor de* $s(x)$*;*

(b) *quando a velocidade instantânea é nula.*

Solução:

(a) *Sabendo que o movimento uniformemente variado é descrito por*

$$s(t) = \frac{at^2}{2} + v_0 t + s_0.$$

Nesse caso, temos $s_0 = -3$, $v_0 = 8$ *e* $a = -4$ *e*

$$s(t) = \frac{-4t^2}{2} + 8t - 3 = -2t^2 + 8t - 3.$$

Assim, o valor máximo de s é obtido quando

$$t = \frac{-8}{2(-2)} = \frac{-8}{-4} = 2\ s.$$

Portanto, a altura máxima que a partícula atinge é

$$f(2) = -2 \cdot (2)^2 + 8 \cdot 2 - 3 = -8 + 16 - 3 = 5\ m.$$

(b) *Quando* $v(t) = 0$, *temos* $v(t) = -4t + 8$ *e*

$$\begin{aligned} 0 &= -4t + 8; \\ 4t &= 8; \\ t &= 2. \end{aligned}$$

A interpretação física dessa situação corresponde ao instante em que a partícula muda o sentido da sua velocidade.

Quando temos um movimento retilíneo (sobre um eixo), a velocidade do móvel é expressa por um número, mas, quando o movimento ocorre no plano ou no espaço, a velocidade é expressa por um vetor (segmento de reta orientado), cujo comprimento se chama **velocidade escalar** do móvel. A direção e o sentido desse vetor indicam a direção e o sentido do movimento.

O movimento de um projétil lançado por uma força instantânea que está sujeito à ação da gravidade, sendo desprezada a resistência do ar (movimento no vácuo), ocorre no espaço tridimensional. Sem perda de generalidade, nós, observadores em um ponto conveniente, vemos a trajetória do projétil "projetada" em um plano. Em tal plano, onde ocorre o movimento, é adotado um sistema de coordenadas onde a origem é o ponto de partida do projétil e o eixo Oy é a vertical que passa por esse ponto (ver Figura 3.15).

A velocidade inicial do projétil é dada pelo vetor $v = (v_1, v_2)$, onde a primeira coordenada v_1 fornece a velocidade da componente horizontal do movimento ("projeção da velocidade" no eixo horizontal Ox). Como a única força que atua sobre o projétil é a gravidade, a qual não possui componente horizontal, segue que tal movimento é um movimento uniformemente variado.

Figura 3.15:

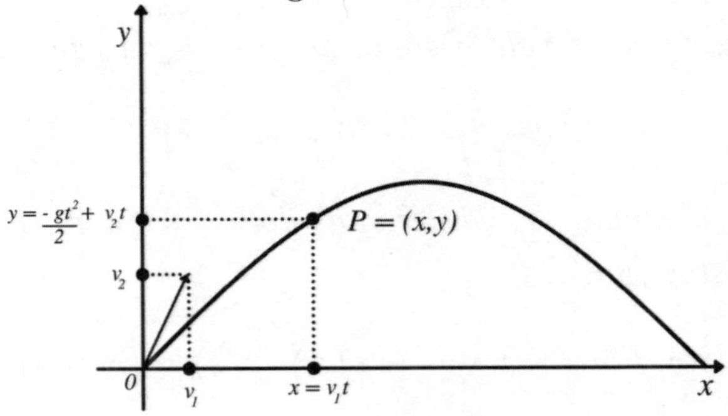

Se $P = (x, y)$ é a posição do projétil no instante t, então $x = v_1 t$. A aceleração da gravidade é constante, vertical, igual a $-g$. (O sinal menos se deve ao sentido da gravidade ser oposto à orientação do eixo vertical Oy.) Portanto, a componente vertical do movimento de P é um movimento uniformemente variado sobre o eixo Oy, com a aceleração igual a $-g$ e velocidade inicial v_2.

Logo, em cada instante t, a ordenada y do ponto $P = (x, y)$ é dada por

$$y = \frac{-gt^2}{2} + v_2 t.$$

(Não há termo constante porque $y = 0$ quando $t = 0$.)

Se $v_1 = 0$, então, para todo t, temos $x = v_1 t = 0$, logo $P = (0, y)$, com

$$y = \frac{-gt^2}{2} + v_2 t.$$

Nesse caso, a trajetória do projétil é vertical.

Agora, supondo que $v_1 \neq 0$. Então, de $x = v_1 t$ temos $t = \dfrac{x}{v_1}$. Substituindo t por esse valor na expressão de y, obtemos

$$y = ax^2 + bx, \quad \text{onde} \quad a = \frac{-g}{1v_1^2} \quad \text{e} \quad b = \frac{v_2}{v_1}.$$

Concluindo que a trajetória do projétil é uma parábola.

3.7.1 Exercícios propostos

Exercício 3.13. *Quanto vale a soma das raízes da equação*

$$(3x-2)(x+5)=(2+x)^2?$$

Exercício 3.14. *Calcule as coordenadas do vértice das parábolas que representam as seguintes funções:*

(a) $f(x)=x^2-6x+5$;

(b) $g(x)=4x^2-16x+7$;

(c) $h(x)=3x^2$;

(d) $f(x)=x^2-2x$;

(e) $g(x)=2x^2+3x+1$;

(f) $h(x)=-x^2+6x-9$.

Exercício 3.15. *A função* $y=mx^2-3x+2$ *admite um valor mínimo se:*

(a) $m\neq 0$;

(b) $m>0$;

(c) $m<0$;

(d) *nenhuma das alternativas.*

Exercício 3.16. *Determine* $k\in\mathbb{R}$*, para que:*

(a) $f(x)=(2k-8)x^2+kx-9$ *tenha valor mínimo;*

(b) $f(x)=(k-6)x^2+7x-9$ *tenha valor máximo.*

Exercício 3.17. *Considere a função quadrática* $f(x)=x^2+4x+3$*. Determine:*

(a) *As coordenadas do vértice da parábola representada por* $f(x)$.

(b) *O valor mínimo da função* $f(x)$.

(c) *O conjunto imagem da função* $f(x)$.

Exercício 3.18. ***(Lucro)***
O lucro mensal de uma empresa é dado por $L=-2x^2+20x-32$*, onde* x *é a quantidade de produtos vendidos. Quantos produtos vendidos são necessários para que o lucro da empresa seja nulo?*

Exercício 3.19. *Esboce o gráfico das seguintes funções quadráticas:*

(a) $f(x) = x^2 + 1$;

(b) $f(x) = -x^2 + 10x - 16$;

(c) $f(x) = x^2 - 10x + 27$;

(d) $f(x) = x^2 - 2x + 1$.

Exercício 3.20. ***(Finanças)***
Após dois anos, um investimento de R\$ 1.500 feito a uma taxa de juros r, capitalizada anualmente, renderá um montante de $A = 1.500(1 + r)^2$. Determine a taxa de juros se $A =$ R\$ 1.900.

Receita total

Definição 3.5. *Se p denota o preço de venda por unidade de um determinado bem e q a respectiva quantidade vendida a este preço, a **receita total** R auferida pela venda de q unidades pelo preço p é dada por $R = p \cdot q$.*

Custo total

Definição 3.6. *Seja a o custo unitário de produção de um determinado bem e b o custo fixo (C_F) associado à produção desse bem. O **custo total** (C_T) pela produção de q unidades é dado pela equação $C_T = aq + b$, onde aq representa o **custo variável** (C_V).*

Lucro total

Definição 3.7. *O **lucro total** (L_T) é dado pela diferença entre a receita total e o custo total, ou seja, $L_T = R_T - C_T$.*

Exercício 3.21. *Se $q = 20 - p$ é a equação da demanda de um produto vendido em uma loja e $C_T = 2q + 17$ é a equação do custo total associado, determine:*

(a) *A função da receita total.*

(b) *O ponto de break-even.*

(c) *A função do lucro total.*

(d) *O valor de q para que a receita total seja o máximo e a receita máxima correspondente.*

(e) *O valor de q para que o lucro total seja o máximo e o lucro máximo correspondente.*

Exercício 3.22. ***(Volume)***
Uma caixa retangular sem tampa possui 200 cm^2 de área total de sua superfície e uma base quadrada de lado x cm. Expresse o volume da caixa em função de x.

Exercício 3.23. ***(Área)***
A partir de dois vértices opostos de um retângulo de lados a e b, marquemos quatro segmentos de comprimento x (ver Figura 3.16), onde as extremidades desses segmentos formam um paralelogramo. Para qual valor de x a área desse paralelogramo é a maior possível?

Figura 3.16:

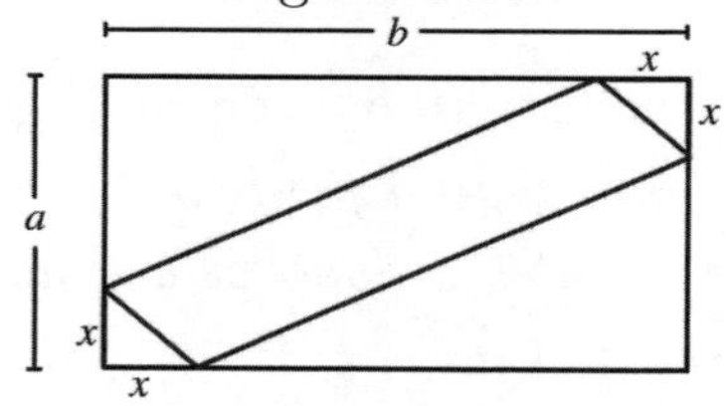

Exercício 3.24. ***(Área)***
Se um retângulo tem base x e perímetro 200, então mostre que sua área A é dada pela função $A(x) = 100x - x^2, \quad x \in [0, 100]$.

Exercício 3.25. ***(Movimento uniformemente variado)***
Um projétil é lançado verticalmente e descreve uma curva segundo a função

$$h(t) = -(4,9)\ t^2 + (24,5)\ t + (9,8)$$

com h em metros e t em segundos. Determine os intervalos de tempo em que o projétil está subindo e descendo.

Exercício 3.26. ***(Movimento uniformemente variado)***
Uma pedra é lançada verticalmente para cima. Um segundo após ser lançada,

a pedra atinge 5 *metros de altura e começa a descer. A função que descreve a altura* h, *em metros, em relação ao tempo* t, *em segundos, é da forma*

$$h(t) = at^2 + bt,$$

onde $a, b \in \mathbb{R}$ *com* $a \neq 0$. *Determine a altura da pedra* 2 *segundos após o lançamento.*

Exercício 3.27. ***(Movimento uniformemente variado)***
Dois carros, A e B, partem do mesmo ponto e instante e realizam movimentos retilíneos que obedecem às funções

$$s_A(t) = 5 + 5t \text{ e } s_B(t) = 5 - 5t + t^2.$$

Determine o instante em que o carro A ultrapassa o carro B.

Exercício 3.28. ***(Movimento uniformemente variado)***
A trajetória de um projétil lançado do chão pode ser modelada por uma função quadrática, onde a variável x *representa o tempo e a variável* y *representa a altura em relação ao solo. Suponha que o projétil seja lançado do solo com uma velocidade inicial de* 20 m/s *e um ângulo de* $45°$ *em relação ao solo. Considere a aceleração da gravidade como* $g = 9,8\ m/s^2$. *Determine:*

(a) *A equação da trajetória do projétil.*

(b) *A altura máxima atingida pelo projétil.*

(c) *O tempo que o projétil permanece no ar.*

Exercício 3.29. ***(Movimento uniforme variado)***
Um jogador de basquete lança uma bola em direção à cesta, e a bola descreve uma parábola. A função quadrática que a representa é $h(t) = -t^2 + 4t$, *em que* t *é o tempo decorrido após o lançamento, em segundos, e* h *é a altura em metros em que a bola está no instante* t. *Sabendo que a bola está a* 2 *metros de altura quando é lançada pelo jogador, calcule a altura máxima que ela atinge nesse lançamento.*

Exercício 3.30. ***(UEM-Pr-2020)***
Três partículas 1, 2 *e* 3 *percorrem a mesma trajetória, e seus espaços são medidos a partir de um ponto* P *escolhido nessa trajetória. As funções horárias*

dos movimentos de 1, 2 e 3 são dadas, respectivamente, por $s_1 = -20 + 5t$, $s_2 = -30 - 10t$ *e* $s_3 = -60 - 20t + 5t^2$, *com* s_1, s_2 *e* s_3 *medidos em metros e* $t \geq 0$ *medidos em segundos. Em relação ao exposto e a conhecimentos correlatos, assinale o que for correto:*

(a) *As três partículas têm acelerações escalares maiores que zero.*

(b) *A partícula 3 passa pelo ponto P em algum instante entre 3s e 5s.*

(c) *As partículas 1 e 2 nunca se encontram.*

(d) *No instante* $t = 5s$ *a distância máxima entre quaisquer duas das três partículas é de 70m.*

(e) *As partículas 2 e 3 se encontram em algum instante entre 3s e 5s.*

3.8 Funções potências

As funções que podem ser escritas na forma $f(x) = ax^p$, em que $a, p \in \mathbb{R}$, são chamadas de **funções potências**. Essas funções são amplamente utilizadas na matemática e nas ciências, pois apresentam comportamentos característicos que as tornam úteis na modelagem de fenômenos naturais e em outras aplicações práticas.

A constante a na função potência é conhecida como **constante de proporcionalidade**, pois determina a relação de proporção entre o valor de $f(x)$ e o valor de x^p. Por sua vez, o número p é chamado de **potência ou expoente da função**, pois indica o grau de dependência da função em relação à variável x.

As funções potências apresentam diferentes comportamentos em função do valor de p e de a. Por exemplo, para $p > 0$, a função $f(x) = x^p$ é crescente no intervalo $(0, +\infty)$, ou seja, à medida que x aumenta, o valor de $f(x)$ também aumenta. Já para $p < 0$, a função $f(x) = x^p$ é decrescente em $(0, +\infty)$, pois, à medida que x aumenta, o valor de $f(x)$ diminui. Além disso, o valor de a também influencia o comportamento da função potência, podendo aumentar ou diminuir sua amplitude.

Devido às suas propriedades matemáticas, as funções potências são frequentemente empregadas em várias áreas do conhecimento, incluindo física, biologia, economia e engenharia. Sua versatilidade permite a aplicação em diferentes contextos, tornando-se uma ferramenta fundamental para o estudo e a compreensão de muitos fenômenos naturais e sociais.

Exemplo 3.9. *O conjunto das funções constantes e lineares está contido no conjunto das funções potências. De fato, quando* $p = 0$*, temos*

$$f(x) = ax^0 = a.$$

No caso em que $p = 1$ *e* $a \neq 0$*, temos*

$$f(x) = ax^1 = ax.$$

As funções quadráticas da forma $f(x) = ax^2$ *também são exemplos de funções potências.*

Exemplo 3.10. *Se* p *é um número natural ímpar maior do que* 1*, então o domínio da função* $f(x) = x^p$ *é definido para todo número real. Os pontos* $(0,0)$*,* $(-1,-1)$ *e* $(1,1)$ *pertencem ao gráfico dessas funções. Quando atribuímos valores simétricos a* x*, as imagens possuem o mesmo valor absoluto, mas diferem em sinal. Os esboços dos gráficos dessas funções possuem o mesmo aspecto da função* $f(x) = x^3$*. No entanto, ao aumentarmos o valor de* p *(para* $p > 3$*), o aspecto do esboço torna-se mais achatado no intervalo* $[-1,1]$ *e mais inclinado no intervalo* $(-\infty,-1) \cup (1,+\infty)$*. Nas Figuras 3.17, 3.18 e 3.19, temos os esboços dos gráficos, respectivamente, das funções* $f(x) = x^3$*,* $g(x) = x^7$ *e* $h(x) = x^{11}$*.*

Figura 3.17:

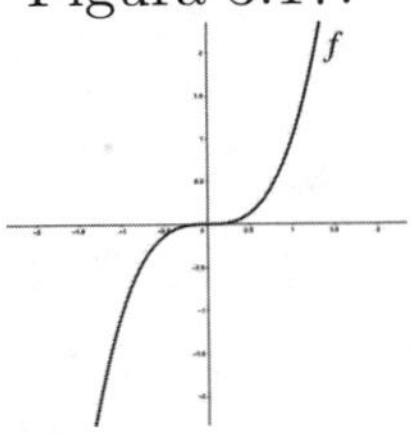

$f(x) = x^3$

Figura 3.18:

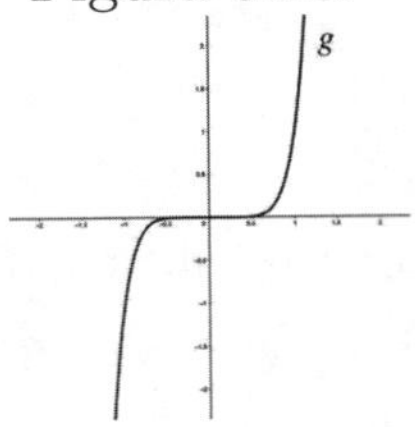

$g(x) = x^7$

Figura 3.19:

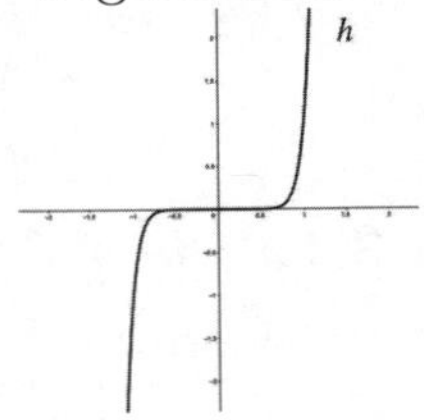

$h(x) = x^{11}$

Exemplo 3.11. *Se* p *é um número natural par maior ou igual a* 2*, então os pontos* $(0,0)$*,* $(1,1)$ *e* $(-1,1)$ *pertencem ao gráfico da função* $f(x) = x^p$*.*

Como $x^p \geq 0$ para todo $x \in \mathbb{R}$, o conjunto imagem é $\mathbb{R}_+$. Observa-se que o esboço dos gráficos possui o mesmo aspecto da função quando $p = 2$. No entanto, a diferença entre essas funções é que, quando se aumenta o valor de p, o esboço torna-se mais achatado no intervalo $[-1, 1]$ e mais inclinado no intervalo $(-\infty, -1) \cup (1, +\infty)$. Nas Figuras 3.20, 3.21 e 3.22, temos os esboços dos gráficos, respectivamente, das funções $f(x) = x^2$, $g(x) = x^4$ e $h(x) = x^6$.

Figura 3.20:

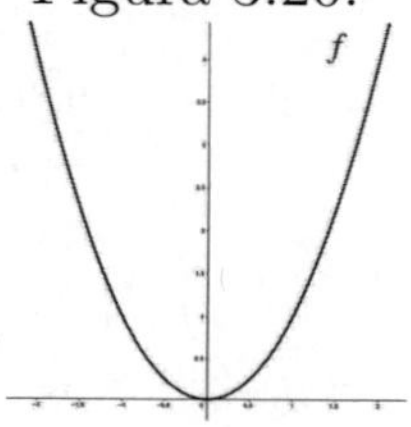

$f(x) = x^2$

Figura 3.21:

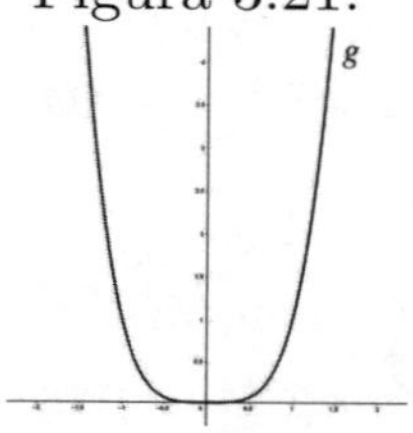

$g(x) = x^4$

Figura 3.22:

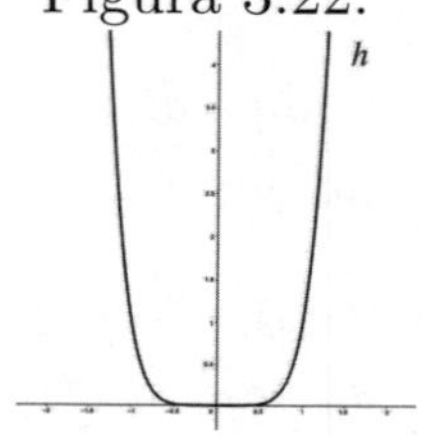

$h(x) = x^6$

Definição 3.8. *A função potência $f(x) = x^{\frac{1}{n}} = \sqrt[n]{x}$ é denominada como a* ***função raiz n-ésima**, em que $n \in \mathbb{N}^*$. Especificamente, quando $n = 2$, a função $f(x) = \sqrt{x}$ é denominada como* ***função raiz quadrada*** *e, quando $n = 3$, a função $g(x) = \sqrt[3]{x}$ é conhecida como* ***função raiz cúbica***.

Exemplo 3.12. *Se n é um número natural par maior ou igual a 2, então a função raiz n-ésima $f(x) = x^{\frac{1}{n}} = \sqrt[n]{x}$ tem domínio e imagem iguais ao conjunto dos números reais positivos, $\mathbb{R}^+$. Note que o ponto $(1, 1)$ pertence ao gráfico das funções raízes. O esboço do gráfico coincide com a parte superior da equação $x = y^n$. Nas Figuras 3.23, 3.24 e 3.25 são apresentados, respectivamente, os esboços dos gráficos das funções $f(x) = \sqrt[2]{x}$, $g(x) = \sqrt[4]{x}$ e $h(x) = \sqrt[6]{x}$.*

Figura 3.23:

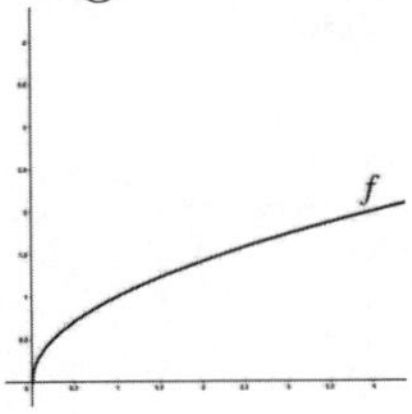

$f(x) = \sqrt[2]{x}$

Figura 3.24:

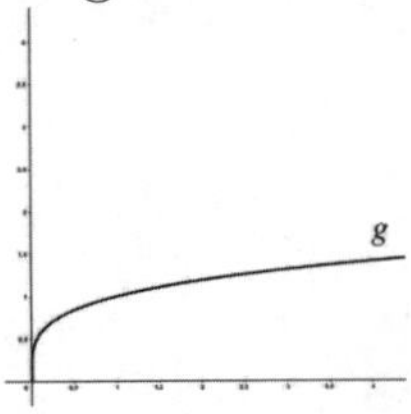

$g(x) = \sqrt[4]{x}$

Figura 3.25:

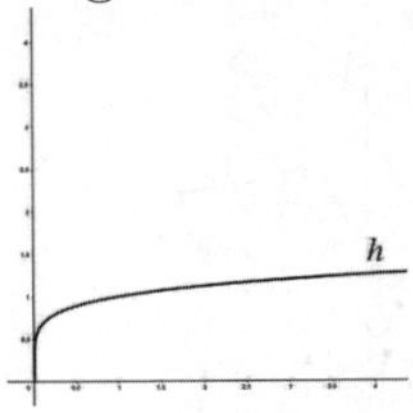

$h(x) = \sqrt[6]{x}$

Exemplo 3.13. *Seja n um número natural ímpar maior ou igual a* 3*. Nesse caso, o domínio e a imagem das funções raízes são* $\mathbb{R}$*. Observa-se que os pontos* $(1, 1)$ *e* $(-1, -1)$ *pertencem ao gráfico dessas funções. O esboço do gráfico coincide com o esboço da equação* $x = y^n$*. Nas Figuras 3.26, 3.27 e 3.28, temos os esboços dos gráficos, respectivamente, das funções* $f(x) = \sqrt[3]{x}$*,* $g(x) = \sqrt[5]{x}$ *e* $h(x) = \sqrt[7]{x}$*. Por ser ímpar, a função é simétrica em relação à origem e, à medida que aumentamos o valor de n, o esboço do gráfico torna-se mais achatado no intervalo* $[-1, 1]$ *e mais inclinado no intervalo* $(-\infty, -1) \cup (1, +\infty)$*.*

Figura 3.26:

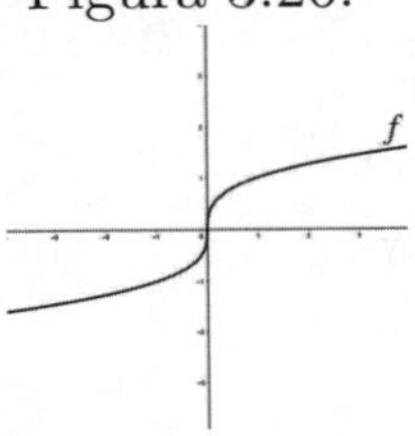

$f(x) = \sqrt[3]{x}$

Figura 3.27:

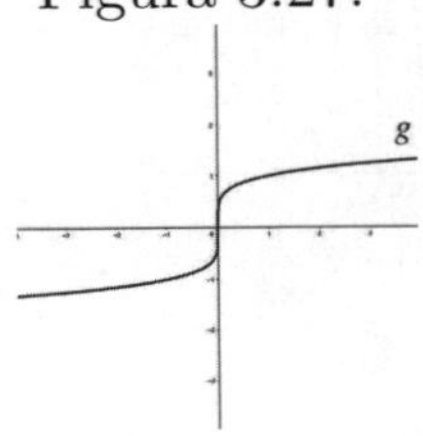

$g(x) = \sqrt[5]{x}$

Figura 3.28:

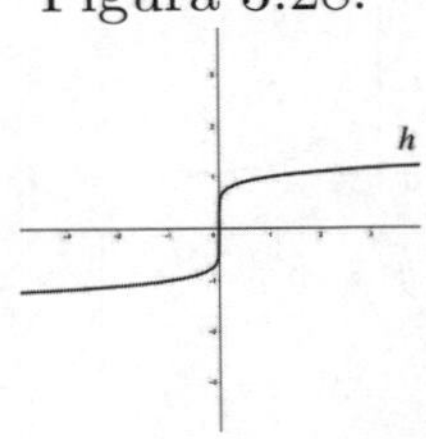

$h(x) = \sqrt[7]{x}$

Exemplo 3.14. *Para* $n = -1$*, a função potência* $f(x) = x^{-1} = \frac{1}{x}$ *tem como domínio o conjunto* $\mathbb{R}^*$*, como já discutido no Exemplo 3.1. O gráfico dessa função é uma hipérbole equilátera, sem interceptos. Para as funções* $f(x) = \frac{1}{x^n}$*, em que n é um número natural ímpar, temos que o domínio é* $\mathbb{R}^*$*. O esboço do gráfico dessas funções possui as mesmas características da função* $f(x) = \frac{1}{x}$*, ou seja, uma hipérbole equilátera sem interceptos. Nas Figuras 3.29, 3.30 e 3.31, temos os esboços dos gráficos, respectivamente, das funções* $f(x) = \frac{1}{x}$*,* $g(x) = \frac{1}{x^3}$ *e* $h(x) = \frac{1}{x^5}$*.*

Figura 3.29:

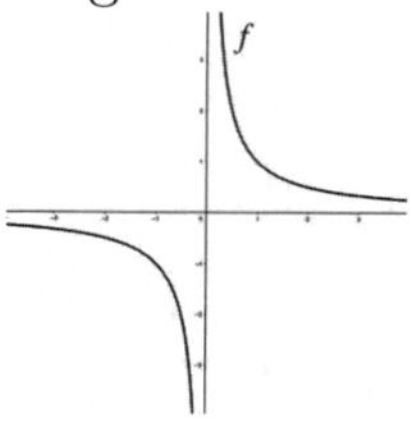

$f(x) = \frac{1}{x}$

Figura 3.30:

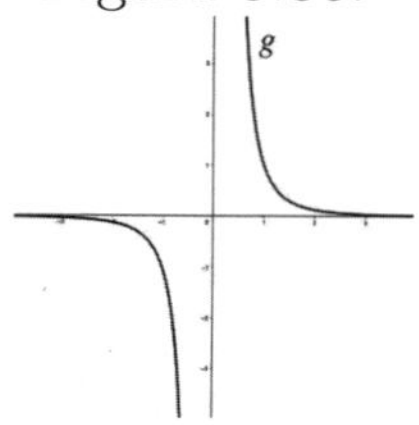

$g(x) = \frac{1}{x^3}$

Figura 3.31:

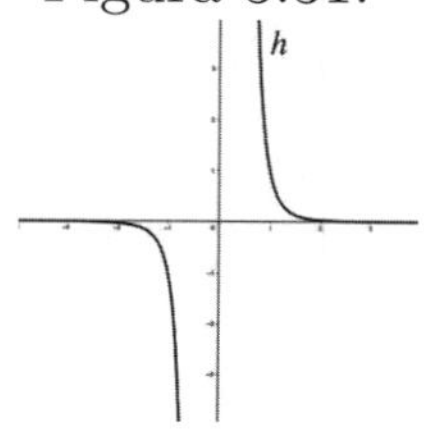

$h(x) = \frac{1}{x^5}$

Exemplo 3.15. *Para* $n = -2$*, a função potência* $f(x) = x^{-2} = \frac{1}{x^2}$ *tem domínio igual a* $\mathbb{R}^*$*. O gráfico da função é uma hipérbole simétrica em relação ao eixo* y*, e não possui interceptos. As funções potências* $f(x) = \frac{1}{x^n}$*, com* n *par, possuem as mesmas características em relação ao domínio e ao gráfico. Nas Figuras 3.32, 3.33 e 3.34, temos os esboços dos gráficos, respectivamente, das funções* $f(x) = \frac{1}{x^2}$*,* $g(x) = \frac{1}{x^4}$ *e* $h(x) = \frac{1}{x^6}$*.*

Figura 3.32:

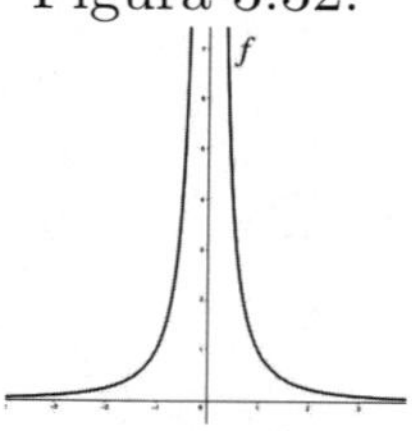

$f(x) = \frac{1}{x^2}$

Figura 3.33:

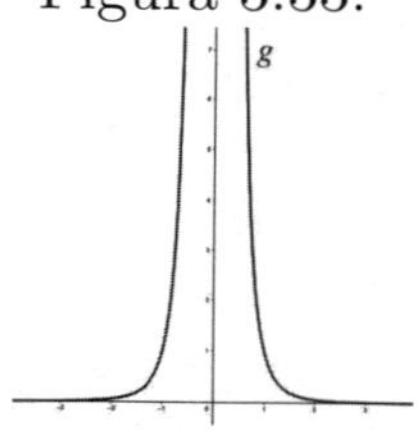

$g(x) = \frac{1}{x^4}$

Figura 3.34:

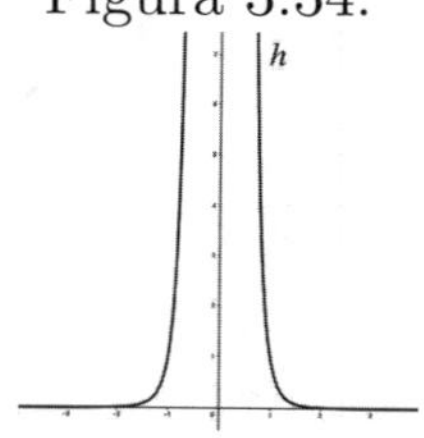

$h(x) = \frac{1}{x^6}$

3.8.1 Problemas resolvidos

Definição 3.9. *Dizemos que uma variável* y *é* ***diretamente proporcional*** *a uma variável* x*, se* $y = kx$*, onde* k *é uma constante não nula. Em geral, dizemos que uma variável* y *é* ***diretamente proporcional*** *à* n*-ésima potência de* x *(*$n > 0$*), se* $y = kx^n$*.*

Problema 3.11. ***(Anatomia)***

O peso aproximado do cérebro de uma pessoa é diretamente proporcional ao seu peso corporal, e uma pessoa com 80 *kg tem um cérebro com um peso aproximado de* 1,5 *kg.*

(a) *Expresse o número em quilos do peso aproximado do cérebro de uma pessoa como função do seu peso corporal.*

(b) *Determine o peso aproximado do cérebro de uma pessoa cujo o peso é de 55 kg.*

Solução:

(a) *Denotando por $f(x)$ o peso aproximado em quilos do cérebro de uma pessoa cujo peso corporal é de x kg, temos que:*

$$f(x) = kx.$$

Como o cérebro de uma pessoa com peso de 80 kg tem um peso aproximado de 1,5 kg, podemos escrever:

$$\begin{aligned} 1,5 &= k \cdot 80; \\ \frac{15}{10} &= k \cdot 80; \\ k &= \frac{15}{800} = \frac{3}{160}; \end{aligned}$$

Assim, a função que determina o peso aproximado do cérebro proporcionalmente com o seu peso é dada por:

$$f(x) = \frac{3x}{160}.$$

(b) *Para obtermos o peso aproximado do cérebro de uma pessoa que pesa 55 kg, basta calcular a função f com $x = 55$, ou seja,*

$$f(55) = \frac{3 \cdot 55}{160} = \frac{165}{160} = \frac{33}{32} = 1,03125 \ kg.$$

Definição 3.10. *Dizemos que uma variável y é* ***inversamente proporcional*** *à variável x, se $y = \frac{k}{x}$, onde k é uma constante não nula. De forma geral, dizemos que uma variável y é* ***inversamente proporcional*** *à n-ésima potência da variável x ($n > 0$), se $y = \frac{k}{x^n}$, onde k é uma constante não nula.*

Problema 3.12. ***(Física)***
A intensidade da luz de uma dada fonte é inversamente proporcional ao quadrado da distância dela.

(a) *Determine o número de velas na intensidade da luz como função da distância em metros da fonte luminosa, sabendo que a intensidade é de* 750 *velas a uma distância de* 8 *m.*

(b) *Ache a intensidade da luz a uma distância de* 20 *m.*

Solução:

(a) *Seja $f(x)$ a intensidade da luz em um ponto x m da fonte. Então, temos que $f(x) = \dfrac{k}{x^2}$.*
Como a intensidade é de 750 *velas a uma distância de* 8 *metros da fonte, temos:*

$$\begin{aligned} 750 &= \frac{k}{8^2} = \frac{k}{64}; \\ k &= 750 \cdot 64; \\ k &= 48.000. \end{aligned}$$

A função que descreve a intensidade da luz é, portanto, dada por

$$f(x) = \frac{48.000}{x^2}.$$

(b) *Para calcularmos a intensidade da luz a uma distância de* 20 *metros, basta substituirmos o valor de x na função f, isto é:*

$$f(20) = \frac{48.000}{(20)^2} = \frac{48000}{400} = 120.$$

Portanto, a intensidade da luz a uma distância de 20 *metros é de* 120 *velas.*

Definição 3.11. *Dizemos que z é* ***conjuntamente proporcional*** *a x e y se $z = kxy$, onde k é uma constante não nula. Essa relação pode ser* *generalizada para o caso em que z é* ***conjuntamente proporcional à n-ésima potência de x e à m-ésima potência de*** *y, em que $n > 0$ e $m > 0$. Nesse caso, temos que $z = kx^n y^m$, em que k é uma constante não nula. É importante ressaltar que, na relação de conjunta proporcionalidade, o produto xy (ou $x^n y^m$) é constante, o que significa que, se uma das variáveis aumenta, a outra deve diminuir na mesma proporção, para que o produto se mantenha constante. Por outro lado, se uma das variáveis diminui, a outra deve aumentar na mesma proporção, para que o produto se mantenha constante.*

Problema 3.13. ***(Biologia)***
Em um ambiente limitado onde x é o número máximo de bactérias suportável pelo ambiente, a taxa de crescimento das bactérias é conjuntamente proporcional ao número presente e à diferença entre x e o número presente. Suponhamos que o número máximo de bactérias suportáveis no ambiente seja de 1.000.000 e que a taxa de crescimento seja de 60 bactérias por minuto quando existem 1.000 bactérias presentes.

(a) *Descreva a função taxa de crescimento das bactérias em função do número de bactérias presentes.*

(b) *Determine a taxa de crescimento quando existem 100.000 bactérias presentes.*

Solução:

(a) *Seja $f(x)$ a função da taxa de crescimento de bactérias por minuto quando existem x bactérias presentes. Então,*

$$f(x) = kx(1.000.000 - x).$$

Sabendo que a taxa de crescimento é de 60 bactérias por minuto quando existem 1.000 bactérias presentes, temos

$$\begin{aligned} 60 &= k(1.000)(1.000.000 - 1.000); \\ k &= \frac{60}{999.000.000}; \\ k &= \frac{1}{16.650.000}. \end{aligned}$$

Assim, a função da taxa de crescimento de bactérias por minuto é dada por:

$$f(x) = \frac{x(1.000.000 - x)}{16.650.000}.$$

(b) *Quando existem* 100.000 *bactérias presentes, a taxa de crescimento de bactérias por minuto é de*

$$f(100.000) = \frac{100.000(1.000.000 - 100.000)}{16.650.000} = 5.405,4.$$

Problema 3.14. ***(Lei de distribuição de renda Pareto)***
O economista italiano Vilfredo Pareto (1848-1907), em seus estudos sobre distribuição de renda, propôs um modelo conhecido como ***lei de Pareto*** *de distribuição de renda. Em sua forma simplificada, o modelo sustenta que*

$$y = \frac{a}{x^{\alpha}},$$

onde y é o número de pessoas cujas rendas são maiores ou iguais a x, sendo que x representa a renda de um dado indivíduo da população, a é uma constante que depende da população e α é um parâmetro relacionado à população. Porém, Pareto sugeriu o valor de α como sendo aproximadamente $1,5$. *Por exemplo, considerando que a lei de Pareto de distribuição de renda para um grupo particular é*

$$y(x) = \frac{432 \cdot 10^{10}}{x^{\frac{3}{2}}}.$$

Para determinarmos a quantidade de pessoas que são milionárias, basta calcularmos

$$y(10^6) = \frac{432 \cdot 10^{10}}{(10^6)^{\frac{3}{2}}} = \frac{432 \cdot 10^{10}}{10^9} = 4320 \textit{ milionários}.$$

Quando necessitamos saber o número de pessoas com renda entre 2.500 *e*

3.600, *basta calcularmos*

$$\begin{aligned}
y(2.500) - y(3.600) &= \frac{432 \cdot 10^{10}}{(2.500)^{\frac{3}{2}}} - \frac{432 \cdot 10^{10}}{(3.600)^{\frac{3}{2}}};\\
&= \frac{432 \cdot 10^{10}}{5^3 \cdot 10^3} - \frac{432 \cdot 10^{10}}{6^3 \cdot 10^3};\\
&= \frac{432 \cdot 10^{7}}{125} - \frac{432 \cdot 10^{7}}{216};\\
&= 3,456 \cdot 10^7 - 2 \cdot 10^7;\\
&= 34.560.000 - 20.000.000 = 14.560.000.
\end{aligned}$$

Se precisamos saber a menor renda das 540 *pessoas que possuem maiores rendas nessa população em questão, é necessário resolver a seguinte equação:*

$$\begin{aligned}
540 &= \frac{432 \cdot 10^{10}}{x^{\frac{3}{2}}};\\
x^{\frac{3}{2}} &= \frac{432 \cdot 10^{10}}{540};\\
x^{\frac{3}{2}} &= 8 \cdot 10^9;\\
x &= (8 \cdot 10^9)^{\frac{2}{3}} = 4 \cdot 10^6.
\end{aligned}$$

Portanto, a menor renda entre as 540 *pessoas que possuem as maiores rendas na referida população é de* 4.000.000.

3.8.2 Exercícios propostos

Exercício 3.31. ***(População)***
A população de uma cidade cresce de acordo com a função $P(t) = 1000 \cdot 2^t$*, onde* t *é medido em anos a partir de 2020. Determine a população prevista para 2025.*

Exercício 3.32. ***(Taxa de variação percentual)*** *Lembrando que*

$$\textit{Taxa de Variação Percentual} = \frac{\textit{Valor Final - Valor Inicial}}{\textit{Valor Inicial}} \times 100\%,$$

considere a função $f(x) = 5x^{-2}$, onde x é uma quantidade de produto. Determine a taxa de variação percentual de $f(x)$ quando x aumenta de 10 para 12.

Exercício 3.33. ***(Física)***
Determine a função potência que representa a seguinte situação: um corpo em queda livre próximo à superfície da Terra tem sua velocidade em função do tempo dada pela expressão $v(t) = kt^2$, onde t é o tempo em segundos e $v(t)$ é a velocidade em metros por segundo. Sabendo que a velocidade do corpo após 5 segundos de queda é de 50 m/s, determine a constante k e a velocidade do corpo após 10 segundos de queda.

Exercício 3.34. ***(Física)***
O volume de um gás a pressão constante é diretamente proporcional à sua temperatura absoluta (medida em Kelvin – K). 180 K o gás ocupa 100 m^3.

(a) *Determine o número de metros cúbicos do volume de um gás como função do número de graus da temperatura absoluta.*

(b) *Qual é o volume do gás a uma temperatura de 150 K?*

Exercício 3.35. ***(Anatomia)***
Em Scalin – Why is Animal Size So Important? (Cambridge: CUP, 1984), K. Schmidt-Nielson afirma que a massa do coração de um mamífero é proporcional à massa de seu corpo. Sobre essa afirmação:

(a) *Escreva uma fórmula para a massa do coração, H, em função da massa do corpo, B.*

(b) *Um humano com massa corporal de 70 quilos possui 0,42 quilo de massa do coração. Use essa informação para achar a constante de proporcionalidade.*

(c) *Avalie a massa do coração de um cavalo, com massa corporal de 650 kg.*

Exercício 3.36. ***(Física)***
O período de um pêndulo (o tempo para uma oscilação completa) é diretamente proporcional à raiz quadrada do comprimento do pêndulo. Suponhamos que, se o comprimento for de 250 *cm, o período é de* 5 *s.*

(a) *Determine o número de segundos do período de um pêndulo como função do número de centímetros de seu comprimento.*

(b) *Calcule o período de um pêndulo de* 50 *cm de comprimento.*

Exercício 3.37. ***(Biologia)***
Em uma cidade com 10.000 *habitantes, a taxa de crescimento da epidemia de dengue é conjuntamente proporcional ao número de pessoas infectadas e ao número de pessoas não infectadas.*

(a) *Se a epidemia cresce a uma razão de* 20 *pessoas por dia quando* 300 *pessoas estão infectadas, expresse a taxa de crescimento da epidemia de dengue em função do número de pessoas não infectadas.*

(b) *Qual será o alastramento de dengue quando* 500 *pessoas estiverem infectadas?*

Exercício 3.38. ***(Fisiologia)***
Em fisiologia, a fórmula de DuBois relaciona a área da superfície de uma pessoa, S, em m^2, ao peso, w, em kg, e à altura, h, em cm, por

$$S = 0,01 \cdot w^{0,25} \cdot h^{0,75}.$$

(a) *Qual é a área de superfície de uma pessoa que pesa* 65 *kg e tem* 160 *cm de altura?*

(b) *Qual é o peso de uma pessoa cuja a altura é* 180 *cm e que tem uma área de superfície de* $1,5\ m^2$*?*

(c) *Para pessoas com peso fixo de* 70 *kg, resolva para h como função de s. Simplifique sua resposta.*

Exercício 3.39. ***(Física)***

O peso de um corpo é a força gravitacional que atua sobre sua massa. Na superfície da Terra um corpo com massa de 1 *kg tem peso de* 1 *kgf (quilograma-força). O peso varia em razão inversamente proporcional à sua distância do centro da Terra até a superfície. Acima da superfície a variação é inversamente proporcional ao quadrado da distância ao centro do nosso planeta*

(a) *Se um corpo pesa* 70 *kgf na superfície da Terra, expresse o número de quilogramas-força de seu peso, como função do número de quilômetros do centro da Terra até a superfície, sabendo que o raio médio da Terra é de* 6.378 *km.*

(b) *Qual será o peso do corpo do item (a) a uma distância de* 500 *km acima da superfície da Terra?*

Exercício 3.40. ***(Lei de distribuição de renda Pareto)***

Considere que, em uma população, a distribuição de renda é dada por

$$y(x) = \frac{35 \cdot 10^6}{x^{\frac{3}{2}}},$$

em que x é a renda mensal em reais de cada pessoa.

(a) *Quantas pessoas ganham entre R\$* 8.000,00 *e R\$* 15.000,00 *por mês?*

(b) *Quantos milionários possui essa população?*

(c) *Qual é a menor renda entre as* 500 *pessoas mais afortunadas?*

Exercício 3.41. ***(Física)***

Em um experimento para determinar a profundidade de um poço, um estudante deixa cair uma pedra a partir da boca do poço e cronometra o tempo gasto até que o som da pedra tocando a água seja ouvido, obtendo valores próximos entre 3,5 *e* 4 *segundos. Sabendo que o tempo de queda da pedra e o tempo que se leva para ouvir o som desta atingindo a água são dados, respectivamente, por $t_q = \sqrt{\frac{h}{5}}$ e $t_s = \frac{h}{340}$, em que h é a altura do poço em metros, determine aproximadamente o intervalo da possível profundidade do poço.*

Exercício 3.42. ***(Lei de distribuição de renda Pareto)***
A Lei de Pareto de distribuição de renda para um grupo em particular é dada por

$$y(x) = \frac{625 \cdot 10^9}{x^{\frac{3}{2}}},$$

em que x é a renda mensal em reais de cada pessoa.

(a) *Quantas pessoas ganham entre R\$ 2.500,00 e R\$ 10.000,00 por mês?*

(b) *Quantos milionários possui essa população?*

(c) *Qual é a menor renda entre as 5000 pessoas mais afortunadas?*

3.9 Funções polinomiais

As **funções polinomiais** são aquelas que podem ser expressas na forma

$$f(x) = a_n x^n + a_{n-1}x^{n-1} + \ldots + a_1 x + a_0,$$

em que $a_i \in \mathbb{R}$, $i = 0, \ldots, n$ são os **coeficientes da função polinomial**, e $n \in \mathbb{N}$ é o **grau da função polinomial**. Os termos $a_n x^n, a_{n-1}x^{n-1}, \ldots, a_1 x$ e a_0 são chamados de **termos** ou **monômios** da função polinomial, sendo a_0 o **termo independente de** f.

Observação 3.3. *Para comparar duas funções polinomiais $f(x)$ e $g(x)$, é necessário que elas tenham a mesma expressão algébrica. Dessa forma, dizemos que $f(x) = g(x)$ se, e somente se, $n = m$ e $a_i = b_i$ para $1 \leq i \leq n$. Esse critério de igualdade é fundamental para a manipulação algébrica de funções polinomiais, permitindo a resolução de equações polinomiais e a identificação de suas propriedades.*

Uma maneira de representar o esboço do gráfico de uma função polinomial com grau igual ou superior a 3 é calculando uma série de pontos em $Graf(f)$ e, em seguida, conectá-los. No entanto, esse método é exaustivo e não muito preciso. Portanto, o estudo dos esboços dos gráficos de funções polinomiais é geralmente acompanhado do cálculo de derivadas, a fim de obter informações precisas sobre o comportamento da função, como pontos críticos, extremos relativos e concavidade. Assim, o uso de derivadas é uma ferramenta fundamental no estudo dos gráficos de funções polinomiais, permitindo uma melhor compreensão e análise do seu comportamento.

Exemplo 3.16. *As funções constantes são funções polinomiais de grau* 0*, funções lineares e lineares afins são funções polinomiais de grau 1, funções quadráticas são funções polinomiais de grau 2 e funções potências com potência n são funções polinomiais de grau n.*

$$\begin{aligned} f(x) &= 2 && \textit{função polinomial de grau 0;} \\ g(x) &= x+1 && \textit{função polinomial de grau 1;} \\ h(x) &= x^2+x+1 && \textit{função polinomial de grau 2;} \\ p(x) &= x^5 && \textit{função polinomial de grau 5;} \\ q(x) &= -2x^7+3x^3+x^2 && \textit{função polinomial de grau 7.} \end{aligned}$$

3.9.1 Funções racionais

As funções que são definidas como o quociente de duas funções polinomiais são chamadas de **funções racionais**. Em outras palavras, são funções da forma

$$f(x) = \frac{g(x)}{h(x)},$$

onde $g(x)$ e $h(x)$ são funções polinomiais e $h(x) \neq 0$ para todo $x \in D(h)$. Usualmente, o domínio de uma função racional é o conjunto dos números reais excluindo as raízes da função polinomial $h(x)$.

Exemplo 3.17. *A função $f(x) = \dfrac{x^2}{x^3-1}$ é um exemplo de função racional, e seu domínio é dado pelo conjunto $D(f) = \mathbb{R} - \{1\}$. Isso ocorre porque a função polinomial $h(x) = x^3 - 1$ possui a raiz $x = 1$, e, portanto, não podemos ter x igual a* 1 *no denominador da expressão $f(x)$.*

Exemplo 3.18. *A função $f(x) = \dfrac{x^3-3x+5}{x^2-9}$ é uma função racional. Para determinarmos o domínio da função, é necessário calcular as raízes da* *função polinomial* $h(x) = x^2 - 9$ *utilizando a fórmula de Bháskara. Temos:*

$$\begin{aligned} x_{1,2} &= \frac{-b \pm \sqrt{b^2 - 4ac}}{2a}; \\ &= \frac{-(0) \pm \sqrt{(0)^2 - 4(1)(-9)}}{2(1)}; \\ &= \frac{0 \pm \sqrt{36}}{2} = \frac{\pm 6}{2} = \pm 3. \end{aligned}$$

Portanto, o domínio de $f(x)$ *é* $D(f) = \mathbb{R} - \{\pm 3\}$*.*

Exemplo 3.19. *Seja a função racional* $f(x) = \frac{3x+1}{x^4-16}$*. Para calcular o domínio da função* $f(x)$*, precisamos determinar as raízes do denominador* $x^4 - 16$*. Temos que:*

$$x^4 - 16 = 0 \Leftrightarrow (x^2)^2 - 4^2 = 0 \Leftrightarrow (x^2 - 4)(x^2 + 4) = 0.$$

Assim, as raízes reais são $x = \pm 2$ *e as raízes complexas são* $x = \pm 2i$*, onde* i *é a unidade imaginária. Como nosso estudo se restringe a domínios contidos no conjunto dos números reais, o domínio da função* $f(x)$ *é o conjunto de todos os números reais, exceto* 2 *e* -2*. Ou seja,* $D(f) = \mathbb{R} - \{-2, 2\}$*.*

3.9.2 Divisão de funções polinomiais

Nesta seção, vamos explorar uma maneira de entender a divisão entre duas funções polinomiais. O estudo de polinômios apresenta algumas semelhanças com o estudo dos números naturais. Para relembrar, dados dois números a e b pertencentes ao conjunto dos números naturais, com $b \neq 0$, existe um único par de números q e r também pertencentes aos números naturais, denominados **quociente** e **resto** da divisão entre a e b, respectivamente, tais que $a = q \cdot b + r$, onde $0 \leq r < b$.

Para efetuarmos a divisão de duas funções polinomiais $f(x)$ por $g(x)$ (onde o grau de g é maior ou igual a 1), obtemos duas funções polinomiais $q(x)$ e $r(x)$, onde o grau da função polinomial r é menor do que o grau da função polinomial g, de modo que

$$f(x) = q(x) \cdot g(x) + r(x).$$

As funções q e r são chamadas, respectivamente, de **quociente** e **resto** da divisão entre f e g. Quando $r(x) = 0$, dizemos que a divisão é **exata** ou ainda que $f(x)$ é **divisível** por $g(x)$.

Exemplo 3.20. *Por meio do **método da chave**, é possível obter o quociente $q(x)$ e o resto $r(x)$ da divisão de $f(x) = x^5 + 2x^3 - 4x^2 + x - 1$ por $g(x) = x^2 + x + 1$.*

Para utilizar esse método, devemos começar por representar a função $f(x)$ como a soma de seus monômios, ou seja,

$$f(x) = x^5 + 0x^4 + 2x^3 - 4x^2 + x - 1.$$

Em seguida, devemos seguir os seguintes passos:

*1° **passo:** Dividimos o monômio de maior grau de $f(x)$ pelo monômio de maior grau de $g(x)$.*

*2° **passo:** Subtraímos do dividendo o produto do divisor $f(x)$ pelo resultado do primeiro passo, obtendo o primeiro resto parcial.*

*3° **passo:** Dividimos o monômio de maior grau do primeiro resto parcial pelo monômio de maior grau de $g(x)$.*

*4° **passo:** Subtraímos do primeiro resto parcial o produto do divisor $f(x)$ pelo resultado do terceiro passo, obtendo o segundo resto parcial.*

E assim, sucessivamente, procedemos até obtermos o resto $r(x)$, tal que o grau dessa função é menor do que o grau de $g(x)$ ou $r(x) = 0$.

Ao utilizar o método da chave para essa divisão, encontramos $q(x) = x^3 - x^2 + 2x$ e $r(x) = -5x^2 - x - 1$.

$$
\begin{array}{rl|l}
 & x^5 + 0x^4 + 2x^3 - 4x^2 + x - 1 & x^2 + x + 1 \\ \cline{3-3}
- & \underline{x^5 + 1x^4 + 1x^3} & x^3 - x^2 + 2x \\
 & 0 - 1x^4 + 1x^3 - 4x^2 & \updownarrow \\
- & \underline{-1x^4 - 1x^3 - 1x^2} & q(x) \\
 & 0 + 2x^3 - 3x^2 + 1x & \\
- & \underline{+2x^3 + 2x^2 + 1x} & \\
 & 0 \quad -5x^2 - 1x - 1 & \longleftrightarrow \ r(x)
\end{array}
$$

Portanto,

$$\begin{aligned} f(x) &= q(x) \cdot g(x) + r(x); \\ x^5 + 2x^3 - 4x^2 + x - 1 &= (x^3 - x^2 + 2x) \cdot (x^2 + x + 1) + (-5x^2 - x - 1). \end{aligned}$$

Teorema de D'Alembert

Esta subseção é dedicada ao estudo da divisão de funções polinomiais em que o divisor é um binômio de grau 1, e também aborda o **teorema de D'Alembert**, que apresenta um critério para identificação das raízes da função polinomial.

Teorema 3.1. ***(Teorema do resto)*** *Sejam $p(x)$ uma função polinomial de grau maior ou igual a 1 e $a \in \mathbb{R}$. Então, o resto da divisão de $p(x)$ por $x - a$ é igual a $p(a)$.*

Demonstração: Consideremos $q(x)$ e $r(x)$ como sendo o quociente e o resto da divisão de $p(x)$ por $x - a$, respectivamente, ou seja,

$$p(x) = (x - a) \cdot q(x) + r(x),$$

onde o grau de $r(x)$ é menor do que 1 ou $r(x) = 0$, ou seja, $r(x) = k \in \mathbb{R}$. Calculando $p(a)$, temos

$$p(a) = (a - a) \cdot q(a) + r(a) = (a - a) \cdot q(a) + k.$$

Portanto, $p(a) = k = r(x)$. □

A seguir, são apresentados exemplos que ilustram a aplicação do teorema do resto.

Exemplo 3.21. *O resto da divisão da função polinomial $p(x) = x^2 - 3x + 1$ pelo binômio $x + 1$ é igual a $p(-1) = (-1)^2 - 3(-1) + 1 = 5$.*

Exemplo 3.22. *O resto da divisão da função polinomial $p(x) = x^3 + 2x^2 - x + 2$ pelo binômio $x - 3$ é igual a $p(3) = (3)^3 + 2(3)^2 - 3 + 2 = 44$.*

É relevante destacar que o teorema do resto não é somente útil para o cálculo do resto da divisão entre uma função polinomial e um binômio de grau 1, mas também para a identificação de raízes de uma função polinomial.

Teorema 3.2. ***(Teorema de D'Alembert)*** *Sejam $f(x)$ uma função polinomial de grau maior do que 1 e $a \in \mathbb{R}$. Então, $f(x)$ é divisível por $x - a$, se, e somente se, $f(a) = 0$.*

Demonstração: O teorema do resto garante que $f(a)$ é o resto da divisão de $f(x)$ por $x - a$. Assim, $f(a) = 0$ se, e somente se, o resto da divisão de $f(x)$ por $x - a$ é $r(x) = f(a) = 0$, o que acontece se, e somente se, a divisão de $f(x)$ por $x - a$ é exata. □

Corolário 3.1. *Seja $p(x) = ax^2 + bx + c$ onde $a, b, c \in \mathbb{R}$ com $a \neq 0$. Se $b^2 - 4ac > 0$, então,*

$$p(x) = a(x - x_1)(x - x_2),$$

sendo que x_1 e x_2 são raízes distintas de $p(x)$.

Demonstração: A condição $b^2 - 4ac > 0$ implica, pela fórmula de Bháskara, que existem duas raízes distintas de $p(x)$, digamos x_1 e x_2. Agora, reescrevendo a função polinomial $p(x)$ como

$$p(x) = ax^2 + bx + c = a \cdot \left(x^2 + \frac{b}{a}x + \frac{c}{a}\right),$$

podemos analisar a função polinomial

$$p_1(x) = \left(x^2 + \frac{b}{a}x + \frac{c}{a}\right),$$

que possui as mesmas raízes de $p(x)$.

Pelo teorema de D'Alembert,

$$p_1(x) = (x - x_1) \cdot q(x),$$

onde $q(x)$ é uma função polinomial de grau 1. Além disso, como x_2 é raiz de $p_1(x)$, temos que

$$0 = p_1(x_2) = (x_2 - x_1) \cdot q(x_2).$$

Como $x_1 \neq x_2$, temos que $q(x_2) = 0$ e, pelo teorema de D'Alembert,

$$q(x) = k \cdot (x - x_2),$$

onde $k \in \mathbb{R}^*$.

Portanto,

$$\begin{array}{rcl} p(x) & = & ap_1(x); \\ p(x) & = & a(x - x_1)q(x); \\ p(x) & = & a(x - x_1)[k(x - x_2)]; \\ ax^2 + bx + c & = & ak(x^2 - (x_1 + x_2)x + (x_1 \cdot x_2)); \\ ax^2 + bx + c & = & akx^2 - ak(x_1 + x_2)x + ak(x_1 \cdot x_2). \end{array}$$

Comparando os coeficientes dos monômios de grau 2 em ambos os lados da equação, obtemos que $a = ak$. Como $a \neq 0$, então $k = 1$. Portanto,

$$p(x) = a(x - x_1)(x - x_2).$$

□

Corolário 3.2. *Seja* $p(x) = ax^2 + bx + c$, *onde* $a, b, c \in \mathbb{R}$ *com* $a \neq 0$. *Se* $b^2 - 4ac = 0$, *então existe* x_1 *tal que*

$$p(x) = a(x - x_1)^2 = a\left(x + \frac{b}{2a}\right)^2.$$

Demonstração: Da condição $b^2 - 4ac = 0$ temos, pela fórmula de Bháskara, que $x_1 = \frac{-b}{2a}$ é a única raiz de $p(x)$. Agora, reescrevendo a função polinomial $p(x)$ como

$$p(x) = ax^2 + bx + c = a \cdot \left(x^2 + \frac{b}{a}x + \frac{c}{a}\right).$$

Sem perda de generalidade, podemos analisar a função polinomial

$$p_1(x) = \left(x^2 + \frac{b}{a}x + \frac{c}{a}\right),$$

que tem como raiz $\frac{-b}{2a}$.

Pelo teorema de D'Alembert,

$$p_1(x) = \left(x + \frac{b}{2a}\right) \cdot q(x),$$

onde $q(x)$ é uma função polinomial de grau 1. Digamos, $q(x) = x + k$.

Portanto,

$$p_1(x) = \left(x + \frac{b}{2a}\right) \cdot (x + k).$$

Assim, obtemos que $x + k$ divide $p_1(x)$ e, pelo teorema de D'Alembert, $-k$ é raiz de $p_1(x)$, ou seja, $k = \frac{b}{2a}$.

Concluindo que

$$p(x) = a(x - x_1)^2 = a\left(x + \frac{b}{2a}\right)^2.$$

□

Exemplo 3.23. *A função polinomial* $f(x) = x^2 - 4$ *é divisível pelo binômio* $x - 2$*, pois* $f(2) = (2)^2 - 4 = 0$.

Exemplo 3.24. *A função polinomial* $f(x) = 3x^3 + 2x^2 - 4x - 3$ *é divisível pelo binômio* $x + 1$*, pois* $f(-1) = 3(-1)^3 + 2(-1)^2 - 4(-1) - 3 = 0$.

Jean-le-Rond d'Alembert

Jean-le-Rond d'Alembert[5] (1717-1783) foi abandonado recém-nascido perto da Igreja de Saint Jean-le-Rond em Paris, onde um gendarme o recolheu e o batizou em homenagem ao nome do local. Posteriormente, por

[5] `https://mathshistory.st-andrews.ac.uk/Biographies/DAlembert/`

razões desconhecidas, trocou seu nome para d'Alembert. Formado em direito, medicina, ciência e matemática, ele contribuiu, entre os anos de 1751 e 1772, para os 28 volumes da célebre *Encyclopédie* ou *Dictionnaire raisonné des sciences, des arts, et des métiers.* Para a *Encyclopédie*, ele escreveu a maioria dos artigos matemáticos e científicos, além do célebre *Discours préliminaire.*

Divisão de uma função polinomial $f(x)$ por $kx - a$

Para dividirmos uma função polinomial $f(x)$ por um binômio $kx - a$, onde $a, k \in \mathbb{R}$ e $k \neq 0$, obtemos o quociente $q(x)$ e o resto $r(x)$ tais que

$$f(x) = (kx - a) \cdot q(x) + r(x).$$

Reescrevendo essa última igualdade sobre a forma:

$$f(x) = k\left(x - \frac{a}{k}\right) \cdot q(x) + r(x) = \left(x - \frac{a}{k}\right) \cdot kq(x) + r(x).$$

Assim, obtemos que o quociente e o resto da divisão de $f(x)$ por $x - \frac{a}{k}$ são, respectivamente, $kq(x)$ e $r(x)$.

Resumidamente, a divisão da função polinomial $f(x)$ por $kx - a$ é proceder aos seguintes passos:

(1°) dividir $f(x)$ por $\left(x - \frac{a}{k}\right)$, obtendo o quociente $q_1(x) = k \cdot q(x)$ e resto $r(x)$;

(2°) dividir $q_1(x)$ por k para determinar $q(x)$.

Exemplo 3.25. *Para efetuarmos a divisão da função polinomial* $f(x) = 3x^2 + 4x - 1$ *por* $3x - 2$, *inicialmente temos que*

$$3x - 2 = 3\left(x - \frac{2}{3}\right).$$

Como a divisão de $f(x)$ *por* $x - \dfrac{2}{3}$ *obtém o quociente* $q_1(x) = 3x + 6$ *e o resto* $r(x) = 3$, *logo, a divisão de* $f(x) = 3x^2 + 4x - 1$ *por* $3x - 2$ *obtém o quociente* $q(x) = \dfrac{q_1(x)}{3} = x + 2$ *e resto* $r(x) = 3$.

Exemplo 3.26. *Na divisão da função polinomial* $f(x) = x^5 - 2x^4 + x^3 - 6x + 2$ *por* $2 - x$*, primeiro reescrevendo* $2 - x = -(x - 2)$ *e calculando a divisão de* $f(x)$ *por* $x - 2$ *obtemos o quociente* $q_1(x) = x^4 + x^2 + 2x - 2$ *e resto* $r(x) = -6$*. Assim, o quociente* $q(x)$ *e o resto* $r(x)$ *da divisão de* $f(x)$ *por* $2 - x$ *são, respectivamente,*

$$q(x) = \frac{q_1(x)}{-1} = -x^4 - x^2 - 2x + 2 \quad e \quad r(x) = -6.$$

3.9.3 Sinal das funções polinomiais

Define-se o **sinal de** s, em que $s \in \mathbb{R}$, como sendo " + " caso $s > 0$ e " − " se $s < 0$. A partir da regra dos sinais e do Corolário 3.1, é possível determinar o sinal de uma função quadrática,

$$p(x) = ax^2 + bx + c,$$

em que $a, b, c \in \mathbb{R}$ com $a \neq 0$. Analisaremos o sinal de $p(x)$ por meio do seu discriminante.

(a) Assumindo que $b^2 - 4ac > 0$, pelo Corolário 3.1, existem números distintos x_1, x_2 tais que

$$p(x) = a(x - x_1)(x - x_2).$$

Tomando, sem perda de generalidade, $x_1 < x_2$, segue-se da análise dos seguintes casos:

- Se $x > x_2$, então $x - x_1 > 0$ e $x - x_2 > 0$. Consequentemente, podemos afirmar que o sinal de $p(x) = a(x - x_1)(x - x_2)$ é igual ao sinal de a.
- Se $x < x_1$, então $x - x_1 < 0$ e $x - x_2 < 0$. Logo, podemos afirmar que o sinal de $p(x) = a(x - x_1)(x - x_2)$ é igual ao sinal de a.
- Se $x_1 < x < x_2$, então $x - x_1 > 0$ e $x - x_2 < 0$. Logo, podemos afirmar que o sinal de $p(x) = a(x - x_1)(x - x_2)$ é oposto ao sinal de a. A Figura 3.35 ilustra o sinal da função $p(x)$.

Figura 3.35:

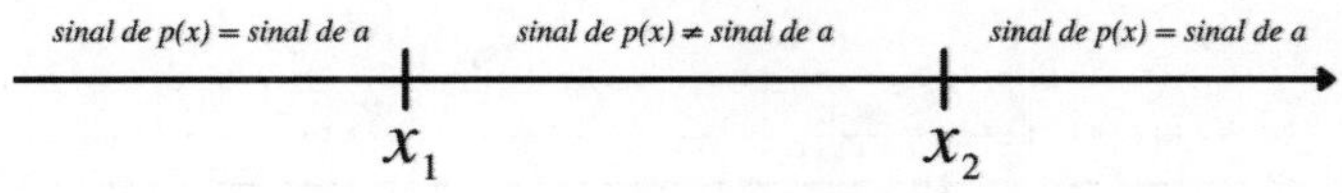

(b) Se $b^2 - 4ac = 0$, a equação $ax^2 + bx + c = 0$ possui duas raízes reais iguais, $x_1 = x_2 = \dfrac{-b}{2a}$. Consequentemente, pelo Corolário 3.2,

$$p(x) = a\left(x + \frac{b}{2a}\right)^2.$$

Como $\left(x + \dfrac{b}{2a}\right)^2 > 0$ para $x \neq \dfrac{-b}{2a}$, o sinal de $p(x)$ é igual ao sinal de a para $x \neq \dfrac{-b}{2a}$. A Figura 3.36 representa o sinal da função $p(x)$.

Figura 3.36:

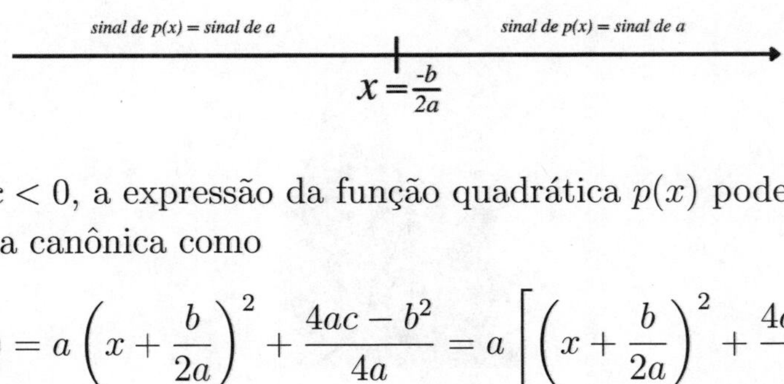

(c) $b^2 - 4ac < 0$, a expressão da função quadrática $p(x)$ pode ser reescrita na forma canônica como

$$p(x) = a\left(x + \frac{b}{2a}\right)^2 + \frac{4ac - b^2}{4a} = a\left[\left(x + \frac{b}{2a}\right)^2 + \frac{4ac - b^2}{4a^2}\right].$$

Nesse caso, podemos afirmar que $\left(x + \dfrac{b}{2a}\right)^2 + \dfrac{4ac - b^2}{4a^2} > 0$, para todo $x \in \mathbb{R}$. Portanto, o sinal de $p(x)$ coincide com o sinal de a.

Exemplo 3.27. *Para determinarmos o conjunto solução da inequação*

$$x^2 - x - 6 > 0,$$

inicialmente, observamos que as raízes da equação correspondente,

$$x^2 - x - 6 = 0, \textit{ são } x_1 = -2 \textit{ e } x_2 = 3.$$

Em seguida, aplicando o primeiro item do sinal das funções quadráticas, temos:

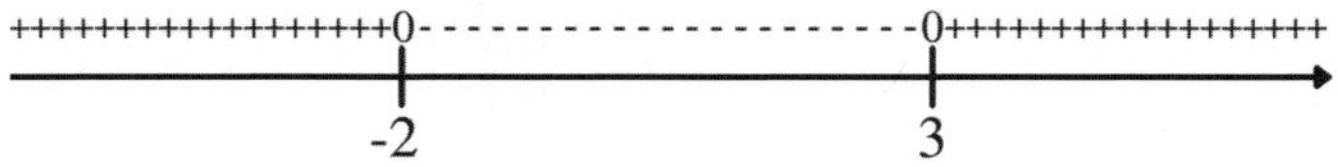

Podemos observar que para $x < -2$ e $x > 3$ o sinal da função é positivo. Logo, concluímos que a solução da inequação $x^2 - x - 6 > 0$ é o conjunto formado pelos intervalos $(-\infty, -2)$ e $(3, +\infty)$.

Por meio do seguinte corolário, é possível solucionar inequações que envolvam polinômios de grau maior do que 2.

Corolário 3.3. ***(Relação de Albert Girard)*** *Sejam $b_0, b_1, b_2, b_3, \ldots, b_n \in \mathbb{Z}$ com $b_n \neq 0$. Se $a_1, a_2, a_3, \ldots, a_n$ são raízes inteiras do polinômio*

$$p(x) = b_n x^n + b_{n-1} x^{n-1} + \ldots + b_1 x + b_0,$$

então $a_1 \cdot a_2 \cdot a_3 \cdot \ldots \cdot a_n \cdot (-1)^n = \frac{b_0}{b_n}$.

Albert Girard

Albert Girard[6] (1595-1632) tocava alaúde profissionalmente e aos 22 anos entrou na Universidade de Leiden, onde estudou matemática. Trabalhou nas áreas de álgebra, trigonometria e aritmética. Contribuiu para a matemática traduzindo várias obras de Simon Stevin. Foi o primeiro a atribuir o uso das abreviações sen, cos e tan. Ele também determinou a fórmula para a área de um triângulo esférico e em álgebra, no *Invention nouvelle en l'algèbre* (1629), e publicou ideias sobre o teorema fundamental da álgebra.

[6] `https://mathshistory.st-andrews.ac.uk/Biographies/Girard_Albert/`

Exemplo 3.28. *Resolver a inequação*

$$x^4 + 2x^3 - 16x^2 - 2x + 15 \leq 0.$$

Solução: *Inicialmente, é necessário determinar as raízes da função polinomial dada por*

$$p(x) = x^4 + 2x^3 - 16x^2 - 2x + 15.$$

Para tal, aplicamos o teorema de D'Alembert e a relação de Albert Girard. Como o produto das raízes é igual a 15*, de acordo com a relação de Albert Girard, as possíveis raízes da função polinomial pertencem ao conjunto dos divisores inteiros de* 15*, ou seja,* $\{\pm 1, \pm 3, \pm 5, \pm 15\}$.

Calculando $p(1)$*, temos*

$$p(1) = (1)^4 + 2 \cdot (1)^3 - 16 \cdot (1)^2 - 2 \cdot (1) + 15 = 0.$$

Portanto, o teorema de D'Alembert garante que 1 *é uma raiz da função polinomial. Dividindo* $p(x)$ *por* $x - 1$*, obtemos*

$$x^4 + 2x^3 - 16x^2 - 2x + 15 = (x - 1) \cdot (x^3 + 3x^2 - 13x - 15).$$

Por sua vez, o produto de dois números é zero se, e somente se, um dos fatores for zero. Logo, as outras raízes da função polinomial $p(x)$ *são obtidas resolvendo a equação* $x^3 + 3x^2 - 13x - 15 = 0$*. Note que* $p_1(3) = 0$*, onde* $p_1(x) = x^3 + 3x^2 - 13x - 15$*. Assim,* 3 *também é uma raiz da função polinomial* $p(x)$*. Dividindo* $p_1(x)$ *por* $x - 3$*, obtemos*

$$x^3 + 3x^2 - 13x - 15 = (x - 3) \cdot (x^2 + 6x + 5).$$

As raízes -1 *e* -5 *são obtidas resolvendo a equação* $x^2 + 6x + 5 = 0$*. Assim, a função polinomial pode ser escrita como*

$$x^4 + 2x^3 - 16x^2 - 2x + 15 = (x - 1) \cdot (x - 3) \cdot (x + 1) \cdot (x + 5).$$

A Figura 3.37 apresenta os sinais da função polinomial aplicando a regra dos sinais nos monômios $x - 1$*,* $x - 3$*,* $x + 1$ *e* $x + 5$*.*

Figura 3.37:

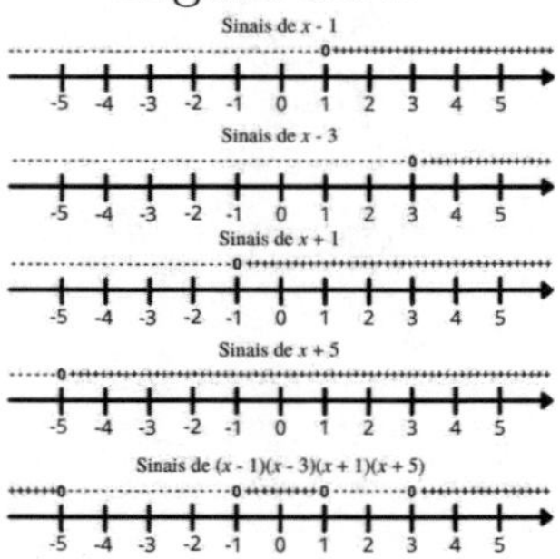

Portanto, a solução da inequação $x^4 + 2x^3 - 16x^2 - 2x + 15 \leq 0$ *é o conjunto* $[-5, -1] \cup [1, 3]$.

3.9.4 Funções algébricas elementares

As funções que podem ser expressas por um número finito de operações algébricas, tais como adição, multiplicação, subtração, divisão e radiciação com índice inteiro positivo, são conhecidas como **funções algébricas elementares**.

Por exemplo, as funções polinomiais são consideradas funções algébricas elementares, bem como as funções:

$$f(x) = \sqrt{x^3 + 2}, \; g(x) = \frac{\sqrt{x^9 + 3}}{x^3 + 5} \text{ e } h(x) = \frac{\sqrt[7]{\sqrt[3]{x - 1} + 3x^2}}{1 - \sqrt[5]{3x^2 - 2}}.$$

Por outro lado, as funções que não podem ser expressas por um número finito de operações algébricas são conhecidas como **funções transcendentes**. Algumas dessas funções incluem as funções trigonométricas, exponenciais, logarítmicas e hiperbólicas, que serão estudadas em capítulos posteriores.

3.9.5 Operações com funções racionais e algébricas elementares

Nesta seção, serão apresentadas técnicas algébricas envolvendo funções racionais e funções algébricas elementares (conforme a Proposição 2.3).

Exemplo 3.29. *Considere a soma (ou subtração) de duas funções racionais cujos denominadores não possuem fatores em comum. Nesse caso, é conveniente utilizar a igualdade a seguir:*

$$\frac{a}{b}+\frac{c}{d}=\frac{ad+cb}{bd}.$$

Para ilustrar, calculemos a expressão $\dfrac{x}{x+1}+\dfrac{3x}{x-1}$. *Tem-se que:*

$$\begin{aligned}\frac{x}{x+1}+\frac{3x}{x-1} &= \frac{x(x-1)+3x(x+1)}{(x+1)(x-1)};\\ &= \frac{x^2-x+3x^2+3x}{x^2-1};\\ &= \frac{4x^2+2x}{x^2-1}.\end{aligned}$$

Exemplo 3.30. *Para subtrair as funções racionais*

$$f(x)=\frac{-1}{x^2-1} \text{ e } g(x)=\frac{x^2}{x+1},$$

devemos começar analisando que

$$x^2-1=(x-1)(x+1).$$

Em seguida, podemos fazer os seguintes cálculos:

$$\begin{aligned}f(x)-g(x) &= \frac{-1}{x^2-1}-\frac{x^2}{x+1};\\ &= \frac{-1}{(x+1)(x-1)}-\frac{x^2}{x+1};\\ &= \frac{-1}{(x+1)(x-1)}-\frac{x^2(x-1)}{(x+1)(x-1)};\\ &= \frac{-1-(x^3-x^2)}{(x+1)(x-1)};\\ &= \frac{-x^3+x^2-1}{x^2-1}.\end{aligned}$$

É importante lembrar que o cancelamento de fatores iguais não deve ser aplicado de maneira equivocada, por exemplo:

$$\frac{-x^3 + x^2 - 1}{x^2 - 1} = -x^3. \qquad \textit{\textbf{ERRADO!}}$$

A forma correta é a seguinte:

$$\frac{-x^3 + x^2 - 1}{x^2 - 1} = \frac{-x^3}{x^2 - 1} + \frac{x^2 - 1}{x^2 - 1} = \frac{-x^3}{x^2 - 1} + 1.$$

Ao efetuarmos a soma ou subtração entre uma função polinomial $p(x)$ e uma função racional, podemos simplificar a notação da função polinomial como uma fração, escrevendo $p(x) = \frac{p(x)}{1}$. Dessa forma, podemos aplicar a propriedade de soma ou subtração de frações para efetuar a operação desejada.

Exemplo 3.31. *Dadas as funções $f(x) = x^3 - 2$ e $g(x) = \dfrac{4}{x-1}$, podemos calcular a soma $f(x) + g(x)$ utilizando a propriedade de soma de frações. Primeiro, escrevemos $f(x)$ como uma fração com denominador* 1, *ou seja,*

$$f(x) = \frac{x^3 - 2}{1}.$$

Em seguida, aplicamos a propriedade de soma de frações, obtendo

$$\begin{aligned} f(x) + g(x) &= \frac{x^3 - 2}{1} + \frac{4}{x-1}; \\ &= \frac{(x^3 - 2)(x - 1)}{x - 1} + \frac{4}{x - 1}; \\ &= \frac{x^4 - x^3 - 2x + 2}{x - 1} + \frac{4}{x - 1}; \\ &= \frac{x^4 - x^3 - 2x + 6}{x - 1}. \end{aligned}$$

Portanto, a soma de $f(x)$ e $g(x)$ é dada por $\dfrac{x^4 - x^3 - 2x + 6}{x - 1}$.

No próximo exemplo, estudaremos um caso que envolve a soma (ou subtração) de mais de duas funções racionais. Esse procedimento é similar ao que é empregado no cálculo integral, no método conhecido como **integração por frações parciais**.

Exemplo 3.32. *Sejam A, B e C incógnitas. O objetivo é simplificar a expressão dada:*

$$\frac{A}{x+2} + \frac{B}{(x+2)^2} - \frac{C}{x+1}.$$

Para isso, primeiramente, escrevemos a expressão utilizando o mesmo denominador:

$$\frac{A}{x+2} + \frac{B}{(x+2)^2} - \frac{C}{x+1} =$$

$$= \frac{A(x+2)^2(x+1)}{(x+2)(x+2)^2(x+1)} + \frac{B(x+2)(x+1)}{(x+2)(x+2)^2(x+1)} - \frac{C(x+2)(x+2)^2}{(x+2)(x+2)^2(x+1)}.$$

Simplificando, temos

$$= \frac{A(x+2)(x+1)}{(x+2)^2(x+1)} + \frac{B(x+1)}{(x+2)^2(x+1)} - \frac{C(x+2)^2}{(x+2)^2(x+1)};$$

$$= \frac{A(x^2+3x+2)}{(x+2)^2(x+1)} + \frac{B(x+1)}{(x+2)^2(x+1)} - \frac{C(x^2+4x+4)}{(x+2)^2(x+1)}.$$

Agora, combinando os termos semelhantes, obtemos

$$= \frac{A(x^2+3x+2) + B(x+1) - C(x^2+4x+4)}{(x+2)^2(x+1)}.$$

Por fim, podemos escrever a expressão de forma mais simples, agrupando os termos:

$$= \frac{(A-C)x^2 + (3A+B-4C)x + (2A+B-4C)}{(x+2)^2(x+1)}.$$

Portanto, a expressão dada é equivalente à expressão final obtida acima.

Na área do cálculo diferencial, é comum nos depararmos com expressões muito complexas após aplicarmos a operação de derivação. Isso é especialmente verdadeiro quando lidamos com expressões fracionárias. Para lidar com essas situações, é importante simplificarmos as expressões derivadas, a fim de obtermos uma representação mais simples e concisa delas. Essa simplificação pode nos permitir, por exemplo, identificar propriedades importantes das funções em questão e tornar mais fáceis sua análise e interpretação.

Exemplo 3.33. *Simplificando a expressão fracionária*

$$\frac{\sqrt{x+2}+\dfrac{3x}{\sqrt{x+2}}}{x+2},$$

podemos primeiro escrever o denominador em comum e obter uma expressão equivalente. Em seguida, realizamos as operações aritméticas necessárias para simplificar a expressão.

Assim, temos:

$$\begin{aligned}
\frac{\sqrt{x+2}+\dfrac{3x}{\sqrt{x+2}}}{x+2} &= \frac{\dfrac{(\sqrt{x+2})(\sqrt{x+2})}{\sqrt{x+2}}+\dfrac{3x}{\sqrt{x+2}}}{x+2};\\
&= \frac{\left(\dfrac{(\sqrt{x+2})^2+3x}{\sqrt{x+2}}\right)}{x+2};\\
&= \frac{\left(\dfrac{x+2+3x}{\sqrt{x+2}}\right)}{x+2};\\
&= \frac{\left(\dfrac{4x+2}{\sqrt{x+2}}\right)}{\left(\dfrac{x+2}{1}\right)}.
\end{aligned}$$

Em seguida, podemos simplificar a expressão aplicando a propriedade de divisão de frações e simplificando a expressão obtida:

$$
\begin{aligned}
&= \left(\frac{4x+2}{\sqrt{x+2}}\right)\left(\frac{1}{x+2}\right);\\
&= \frac{4x+2}{\sqrt{x+2}(x+2)};\\
&= \frac{4x+2}{(x+2)^{\frac{1}{2}}(x+2)};\\
&= \frac{4x+2}{(x+2)^{\frac{3}{2}}}.
\end{aligned}
$$

Portanto, a expressão

$$\frac{\sqrt{x+2}+\dfrac{3x}{\sqrt{x+2}}}{x+2}$$

pode ser simplificada para $\dfrac{4x+2}{(x+2)^{\frac{3}{2}}}$, *o que representa uma expressão mais "limpa" e fácil de trabalhar.*

Exemplo 3.34. *Seja* $a > 0$, *simplifique a expressão*

$$\frac{-x\left(\dfrac{x}{\sqrt{x^2+a}}\right)+\sqrt{x^2+a}}{x^3}+\left(\frac{1}{x+\sqrt{x^2+a}}\right)\left(1+\frac{x}{\sqrt{x^2+a}}\right).$$

Solução: *Para simplificar a expressão, podemos começar simplificando cada fator separadamente e depois somando os resultados.*

Simplificando o primeiro fator:

$$\begin{aligned}
\frac{-x\left(\dfrac{x}{\sqrt{x^2+a}}\right)}{x^3}+\frac{\sqrt{x^2+a}}{x^3} &= \frac{-x^2}{x^3\sqrt{x^2+a}}+\frac{\sqrt{x^2+a}}{x^3};\\
&= \frac{-x^2}{x^3\sqrt{x^2+a}}+\frac{\sqrt{x^2+a}}{x^3}\left(\frac{\sqrt{x^2+a}}{\sqrt{x^2+a}}\right);\\
&= \frac{-x^2}{x^3\sqrt{x^2+a}}+\frac{x^2+a}{x^3\sqrt{x^2+a}};\\
&= \frac{-x^2+x^2+a}{x^3\sqrt{x^2+a}};\\
&= \frac{a}{x^3\sqrt{x^2+a}}.
\end{aligned}$$

Agora, simplificamos o segundo fator:

$$\begin{aligned}
\left(\frac{1}{x+\sqrt{x^2+a}}\right)\left(1+\frac{x}{\sqrt{x^2+a}}\right) &= \left(\frac{1}{x+\sqrt{x^2+a}}\right)\left(\frac{\sqrt{x^2+a}}{\sqrt{x^2+a}}+\frac{x}{\sqrt{x^2+a}}\right);\\
&= \left(\frac{1}{x+\sqrt{x^2+a}}\right)\left(\frac{x+\sqrt{x^2+a}}{\sqrt{x^2+a}}\right);\\
&= \frac{(x+\sqrt{x^2+a})}{(x+\sqrt{x^2+a})(\sqrt{x^2+a})};\\
&= \frac{1}{\sqrt{x^2+a}}.
\end{aligned}$$

Agora podemos somar os dois resultados para obter a resposta final:

$$\frac{-x\left(\dfrac{x}{\sqrt{x^2+a}}\right)+\sqrt{x^2+a}}{x^3}+\left(\frac{1}{x+\sqrt{x^2+a}}\right)\left(1+\frac{x}{\sqrt{x^2+a}}\right)$$

$$=\frac{a}{x^3\sqrt{x^2+a}}+\frac{1}{\sqrt{x^2+a}}=\frac{a}{x^3\sqrt{x^2+a}}+\frac{x^3}{x^3\sqrt{x^2+a}}=\frac{x^3+a}{x^3\sqrt{x^2+a}}.$$

Observe que, nos exemplos em que trabalhamos com quocientes envolvendo radicais, costumamos "mudar" o radical do denominador para o numerador ou vice-versa multiplicando e dividindo pelo radical desejado.

Por exemplo,

$$\frac{1}{\sqrt{x^2+1}} = \left(\frac{1}{\sqrt{x^2+1}}\right)\left(\frac{\sqrt{x^2+1}}{\sqrt{x^2+1}}\right) = \frac{\sqrt{x^2+1}}{x^2+1}.$$

Esse procedimento é chamado de **racionalização do denominador**. Quando o objetivo é "mudar" o radical do numerador para o denominador chamamos de **racionalização do numerador**.

A seguir listaremos as técnicas de racionalização usuais na matemática. Por conveniência, consideraremos que as funções $f(x)$ e $g(x)$ são não negativas.

TÉCNICAS DE RACIONALIZAÇÃO

(a) Para racionalizar $\sqrt{f(x)}$, multiplicamos por $\dfrac{\sqrt{f(x)}}{\sqrt{f(x)}}$.

(b) Para racionalizar $\sqrt{f(x)} - \sqrt{g(x)}$, multiplicamos por $\dfrac{\sqrt{f(x)} + \sqrt{g(x)}}{\sqrt{f(x)} + \sqrt{g(x)}}$.

(c) Para racionalizar $\sqrt{f(x)} + \sqrt{g(x)}$, multiplicamos por $\dfrac{\sqrt{f(x)} - \sqrt{g(x)}}{\sqrt{f(x)} - \sqrt{g(x)}}$.

As técnicas (b) e (c) têm como objetivo a simplificação:

$$(\sqrt{f(x)} - \sqrt{g(x)})(\sqrt{f(x)} + \sqrt{g(x)}) = f(x) - g(x).$$

3.9.6 Problemas resolvidos

Problema 3.15. ***(Custo total)***
Suponhamos que o custo total de fabricação de q unidades de um certo produto (em R\$) seja dado pela função

$$C(q) = q^3 - 20q^2 + 250q + 100.$$

1. *Calcule o custo da fabricação de* 10 *unidades do produto.*

2. Calcule o custo da fabricação da décima unidade do produto.

Solução:

1. O custo de fabricação de 10 unidades é o valor da função custo total, quando $q = 10$, ou seja,

$$\begin{aligned} C(10) &= (10)^3 - 20(10)^2 + 250(10) + 100; \\ &= 1000,00 - 2000,00 + 2500,00 + 100,00; \\ &= R\$\ 1600,00. \end{aligned}$$

2. O custo de fabricação da décima unidade é a diferença entre o custo da fabricação de 10 unidades e o custo de fabricação de 9 unidades, ou seja,

$$\begin{aligned} C(10) - C(9) &= 1600,00 - ((9)^3 - 20(9)^2 + 250(9) + 100); \\ &= 1600,00 - (729 - 1620 + 2250 + 100); \\ &= 1600,00 - 1459,00; \\ &= R\$\ 141,00. \end{aligned}$$

Problema 3.16. ***(Funções biquadradas)***
*As **funções biquadradas** são polinômios escritos na forma:*

$$p(x) = ax^4 + bx^2 + c, \quad onde\ a, b, c \in \mathbb{R}, \quad com\ a \neq 0.$$

Para encontrarmos as raízes dessas funções, é útil realizar uma mudança de variável $x^2 = t$. Por exemplo, para a função biquadrada

$$f(x) = x^4 - 5x^2 + 4,$$

podemos reescrevê-la como $f(t) = t^2 - 5t + 4$ usando a mudança de variável $x^2 = t$. As raízes de $f(t) = t^2 - 5t + 4$ são $t_1 = 4$ e $t_2 = 1$. Com a mudança de variável $x^2 = t$, podemos concluir que as raízes da função biquadrada $f(x)$ são $x_{1,2} = \pm\sqrt{4} = \pm 2$ e $x_{3,4} = \pm\sqrt{1} = \pm 1$.

Problema 3.17. ***(Área de terreno)***
Sabendo que a soma das áreas de três terrenos quadrados da Figura 3.38, é de 342 m^2, determine a área do quadrado menor.

Figura 3.38:

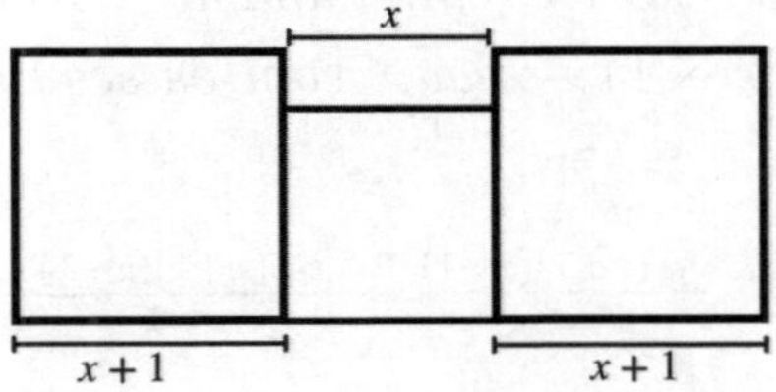

Solução: *Relembrando que a área de um quadrado é igual ao produto das medidas dos lados, ou seja, a medida do lado elevado ao quadrado. Para determinarmos o valor de x, devemos resolver a seguinte equação:*

$$(x+1)^2 + x^2 + (x+1)^2 = 342 \Leftrightarrow 3x^2 + 4x - 340 = 0.$$

Assim, calculando as raízes da função polinomial $p(x) = 3x^2 + 4x - 340$, através da Fórmula de Bhaskara, temos:

$$\begin{aligned} x_{1,2} &= \frac{-4 \pm \sqrt{(4)^2 - 4 \cdot 3 \cdot (-340)}}{2 \cdot 3}; \\ &= \frac{-4 \pm \sqrt{4096}}{6}; \end{aligned}$$

$$x_1 = \frac{-34}{3} \quad e \quad x_2 = 10.$$

Como o domínio de $p(x)$ é o conjunto dos números positivos (pois não existe medida negativa de terreno), então o valor de x é igual a 10. Portanto, a área do menor quadrado é 100 m^2.

Problema 3.18. ***(Frações parciais)***

Para decompormos a função racional $f(x) = \dfrac{-1}{x^3 - x}$ em frações parciais, primeiro devemos analisar que

$$x^3 - x = x(x^2 - 1) = x(x+1)(x-1).$$

Assim, podemos escrever

$$\frac{-1}{x^3 - x} = \frac{-1}{x(x+1)(x-1)} = \frac{A}{x} + \frac{B}{x+1} + \frac{C}{x-1},$$

onde A, B e C são independentes de x.

Para determinarmos A, B e C, inicialmente devemos multiplicar a última igualdade por $x(x+1)(x-1)$ e seguir com os seguintes cálculos:

$$\begin{aligned}
\frac{-x(x+1)(x-1)}{x(x+1)(x-1)} &= \frac{Ax(x+1)(x-1)}{x} + \frac{Bx(x+1)(x-1)}{x+1} + \frac{Cx(x+1)(x-1)}{x-1};\\
-1 &= A(x+1)(x-1) + Bx(x-1) + Cx(x+1);\\
-1 &= A(x^2-1) + B(x^2-x) + C(x^2+x);\\
-1 &= Ax^2 - A + Bx^2 - Bx + Cx^2 + Cx;\\
0x^2 + 0x - 1 &= (A+B+C)x^2 + (C-B)x - A.
\end{aligned}$$

Desta última igualdade de funções polinomiais, segue o seguinte sistema linear:

$$\left\{\begin{array}{ccccccc} A & + & B & + & C & = & 0\\ & & C & - & B & = & 0\\ & & & - & A & = & -1 \end{array}\right.$$

$$\left\{\begin{array}{ccccccc} 1 & + & B & + & B & = & 0\\ & & & & C & = & B\\ & & & & A & = & 1 \end{array}\right.$$

$$\left\{\begin{array}{ccccc} 1 & + & 2B & = & 0\\ & & C & = & B\\ & & A & = & 1 \end{array}\right.$$

$$\left\{\begin{array}{ccc} B & = & -1/2\\ C & = & B\\ A & = & 1 \end{array}\right.$$

$$\left\{\begin{array}{ccc} B & = & -1/2\\ C & = & -1/2\\ A & = & 1 \end{array}\right.$$

Com a solução do sistema linear, podemos determinar a decomposição da função $\frac{-1}{x^3-x}$ *em frações parciais, ou seja,*

$$\frac{-1}{x^3-x} = \frac{1}{x} + \frac{(-1/2)}{x+1} + \frac{(-1/2)}{x-1};$$

$$\frac{-1}{x^3-x} = \frac{1}{x} - \frac{1}{2(x+1)} - \frac{1}{2(x-1)}.$$

3.9.7 Exercícios propostos

Exercício 3.43. *Se* $(x^{-1} + y^{-1})^{-1} = 2$, *descreva* y *em relação a* x.

Exercício 3.44. *Simplifique as frações a seguir:*

(a) $\frac{x^2-1}{4x^2-4}$;

(b) $\frac{a-2}{a^2-4a+4}$;

(c) $\frac{x^3-x^2-x+1}{-x^3+x^2+x-1}$;

(d) $\frac{8xy+20xy^2}{24x^2y}$;

Exercício 3.45. *Simplificando a expressão*

$$\frac{mx+m-x-1}{m^2-1},$$

obtemos:

(a) $\frac{x-1}{m-1}$;

(b) $\frac{x+1}{m+1}$;

(c) $\frac{x+1}{m-1}$;

(d) $\frac{x-1}{m+1}$;

(e) $\frac{x-1}{(m-1)^2}$;

(f) $\frac{x}{m^2}$.

Exercício 3.46. *Determine o valor de* m, *tal que*

$$f(x) = x^3 - 4x^2 + mx - 5$$

é divisível por $x - 3$.

Exercício 3.47. *Determine os valores das constantes* a *e* b *tais que*

$$f(x) = x^3 + ax^2 + bx - 6$$

seja divisível por $x + 2$ *e por* $x - 1$.

Exercício 3.48. *Para quais valores* $n \in \mathbb{N}$ *a função polinomial*

$$f(x) = x^n + 1$$

é divisível por $x + 1$*?*

Exercício 3.49. *Determine as raízes das funções:*

(a) $f(x) = x^2 + 2x - 3$;

(b) $f(x) = 8x^2 - x$;

(c) $f(x) = x^2 - 8x + 16$.

(d) $f(x) = x^4 + 2x^2 - 3$;

(e) $f(x) = x^4 - 20x^2 + 64$;

(f) $f(x) = x^4 - 7x^2 + 10$.

Exercício 3.50. *Decomponha as seguintes funções racionais em frações parciais:*

(a) $f(x) = \dfrac{-2}{x^2 + x - 6}$;

(b) $f(x) = \dfrac{1}{x^3 + x^2 - 2x}$;

(c) $f(x) = \dfrac{-1}{x^3 - 9x}$;

(d) $f(x) = \dfrac{1}{x^4 - 16}$.

Exercício 3.51. *Considerando a função* $y = ax^2 + bx + c$*, onde* $b^2 - 4ac < 0$ *e* $a < 0$*, quais das sentenças são verdadeiras ou falsas? Justifique sua resposta.*

(a) $y > 0$*, se* $x \in (x_1, x_2)$ *onde* x_1 *e* x_2 *são raízes da função;*

(b) $y > 0$*, se* $x \notin (x_1, x_2)$ *onde* x_1 *e* x_2 *são raízes da função;*

(c) $y < 0$ *para* $x \in \mathbb{R}$;

(d) $y > 0$ *para* $x \in \mathbb{R}$;

(e) *A função possui uma única raiz real.*

Exercício 3.52. ***(ITA-SP)*** *Sabendo que*

$$p(x) = ax^3 + bx^2 + 2x - 2$$

é divisível por $(x+1)$ *e* $(x-2)$, *podemos afirmar que:*

(a) *a e b têm sinais opostos e são inteiros;*

(b) *a e b têm o mesmo sinal e são inteiros;*

(c) *a e b têm sinais opostos e são racionais não inteiros;*

(d) *a e b têm o mesmo sinal e são racionais não inteiros;*

(e) *somente a é inteiro.*

Exercício 3.53. ***(Cefet-PR)*** *Se* $p(x) = 2x^3 + ax^2 - 8x + b$ *for divisível por* $x+2$ *e, dividindo por* $2x+3$, *der resto* 7, *então* $a+b$ *será igual a :*

(a) -3; **(b)** -2; **(c)** 3; **(d)** 2; **(e)** 5.

Exercício 3.54. ***(UFSC)*** *Sendo a e b dois números tais que*

$$p(x) = 2x^3 + ax^2 + bx - 6$$

é divisível por $(x+3)$ *e por* $(2x+1)$, *determine a e b.*

Exercício 3.55. *Determine o conjunto solução da inequação*

$$\frac{x^2-4}{x^2-5x+6} > 0.$$

Exercício 3.56. ***(Química)***
A seguinte expressão:

$$1,8 \times 10^{-5} = \frac{C^2}{1,0 \times 10^{-4} - C}$$

determina a quantidade de íons de hidrogênio ($[H^+]$) *em uma solução de* $1,0 \times 10^{-4}M$ *de ácido acético. Como* C *representa uma concentração de* $[H^+]$, *determine quais valores de* C *são possíveis para essa solução.*

Exercício 3.57. ***(Custo total)***
Suponhamos que o custo total de fabricação de q unidades de um certo produto (em R\$) seja dado pela função

$$C(q) = q^3 + 100q^2 + 500q + 700.$$

(a) *Calcule o custo da fabricação de 30 unidades do produto.*

(b) *Calcule o custo da fabricação da trigésima unidade do produto.*

Exercício 3.58. ***(Receita total)***
Suponhamos que a receita total de venda de q unidades de um certo produto (em R\$) seja dada pela função

$$R(q) = 2q^2 + 5q + 300.$$

(a) *Calcule a receita da venda de 50 unidades do produto.*

(b) *Calcule a receita da venda da quinquagésima unidade do produto.*

Exercício 3.59. ***(Lucro total)*** *Suponhamos que o lucro total de venda de q unidades de um certo produto (em R\$) seja dado pela função*

$$L(q) = -3q^2 + 50q - 100.$$

(a) *Calcule o lucro da venda de 20 unidades do produto.*

(b) *Calcule o lucro da venda da vigésima unidade do produto.*

Exercício 3.60. ***(Variação de temperatura)***
Suponhamos que, às t horas da madrugada, a temperatura de uma cidade é dada pela função:

$$C(t) = \frac{t^2}{6} - 2t + 15, \quad \textit{graus centígrados.}$$

(a) *Qual é a temperatura às 12 horas?*

(b) *De quanto a temperatura aumentou ou diminuiu entre as 3 e 15 horas?*

Exercício 3.61. ***(Variação de altura)***
Suponhamos que a altura de uma planta em centímetros é dada pela função

$$H(t) = \frac{t^3}{8} - 3t^2 + 24t,$$

onde t é dado em semanas.

(a) *Qual é a altura da planta após 5 semanas?*

(b) *De quanto a altura da planta aumentou ou diminuiu entre a terceira e a décima semana?*

Exercício 3.62. ***(Variação de peso)***
Suponhamos que o peso de um objeto em gramas é dado pela função

$$P(t) = \frac{t^2}{10} - t + 15,$$

onde t é dado em dias.

(a) *Qual é o peso do objeto após 2 dias?*

(b) *De quanto o peso do objeto aumentou ou diminuiu entre o quarto e o décimo dia?*

Exercício 3.63. ***(Lei de Poiseuille)***
A velocidade do sangue arterial é uma função da distância do sangue ao eixo central da artéria. De acordo com a ***lei de Poiseuille****, a velocidade (em centímetros por segundo) do sangue que está a r centímetros do eixo central da artéria é dada pela função*

$$S(r) = C(R^2 - r^2),$$

onde C é uma constante e R é o raio da artéria. Suponhamos que, para uma certa artéria,

$$C = 1,76 \cdot 10^5 \ cm,$$
$$R = 1,2 \cdot 10^{-2} \ cm.$$

(a) *Calcule a velocidade do sangue no eixo central dessa artéria.*

(b) *Calcule a velocidade do sangue a meia distância entre a parede da artéria e o eixo central.*

Exercício 3.64. ***(Velocidade de um corpo)***
Uma bola foi jogada de cima de um edifício. Sua altura (em metros) depois de t segundos é dada pela função

$$H(t) = -16t^2 + 256.$$

(a) *Em que altura estará a bola depois de 3 segundos?*

(b) *Qual distância a bola terá percorrido no quarto segundo?*

(c) *Qual é a altura do edifício?*

(d) *Quando a bola atingirá o chão?*

Exercício 3.65. ***(Velocidade de um carro)***
A velocidade de um carro, em km/h, t horas após sua partida é dada pela função

$$V(t) = 80 + 10t - 2t^2.$$

(a) *Qual é a velocidade do carro após 2 horas?*

(b) *Qual foi a distância percorrida pelo carro durante a segunda hora de viagem?*

(c) *Qual é a velocidade máxima que o carro atinge durante a viagem?*

(d) *Em que momento o carro para de se mover?*

Capítulo 4

Álgebra das funções

4.1 Operações das funções

Para um estudo mais qualitativo das funções, precisamos introduzir algumas noções associadas aos gráficos e operações algébricas em termos das funções relacionadas. Analogamente ao conjunto dos números reais, podemos adicionar, subtrair, multiplicar e dividir funções. Por exemplo, dados f e g funções e $x \in D(f) \cap D(g)$, então $f(x)$ e $g(x)$ são números reais. Ao multiplicá-los, obtemos um número real $f(x) \cdot g(x)$. Com esta construção, definimos uma nova função h que associa cada número x comum aos domínios de f e g, ao número $h(x) = f(x) \cdot g(x)$. Seguindo o mesmo raciocínio para todas as operações algébricas, temos a seguinte definição:

Definição 4.1. *Sejam f e g funções onde $Dom(f) \cap Dom(g) \neq \emptyset$.*

(a) *A **soma** de f e g é a função $f + g$ definida por*

$$(f + g)(x) = f(x) + g(x).$$

(b) *A **subtração** de f e g é a função $f - g$ definida por*

$$(f - g)(x) = f(x) - g(x).$$

(c) *O **produto** de f e g é a função $f \cdot g$ definida por*

$$(f \cdot g)(x) = f(x) \cdot g(x).$$

(d) *O **quociente** de f e g é a função $\dfrac{f}{g}$ definida por*

$$\left(\frac{f}{g}\right)(x) = \frac{f(x)}{g(x)}.$$

Observação 4.1. *Os domínios das funções soma, subtração e produto é o conjunto $Dom(f) \cap Dom(g)$ e o domínio da função quociente é*

$$D\left(\frac{f}{g}\right) = \{x \in Dom(f) \cap Dom(g) \mid g(x) \neq 0\}.$$

Quando não especificado, fica subentendido que o contradomínio das funções definidas anteriormente é o "maior" subconjunto dos números reais nos quais tais funções podem ser definidas.

Observação 4.2. *Se $g = k$ é uma função constante, então temos que*

$$(f \cdot g)(x) = (g \cdot f)(x) = (k \cdot f)(x) = k \cdot f(x).$$

O domínio da função $k \cdot f$ coincide com o domínio da função f. É comum escrevermos $(k \cdot f)(x)$ ao invés de $(f \cdot k)(x)$, pois a multiplicação de um número real k por uma função f pode ser interpretada como o escalonamento vertical do gráfico da função f por um fator k. Ou seja, o valor da função f em um ponto x é multiplicado por k para obtermos o valor da função $k \cdot f$ no mesmo ponto x. Essa interpretação faz com que a ordem das funções na multiplicação seja menos relevante do que a ordem dos números reais na multiplicação.

Exemplo 4.1. *Sejam $f(x) = 2x + 5$ e $g(x) = x^2 - 1$. Então:*

(a) *A soma de f e g é dada por*

$$\begin{aligned}(f+g)(x) &= f(x) + g(x)\\ &= (2x+5) + (x^2 - 1)\\ &= x^2 + 2x + 4.\end{aligned}$$

(b) *A subtração de f e g é dada por*

$$\begin{aligned}(f-g)(x) &= f(x) - g(x)\\ &= (2x+5) - (x^2 - 1)\\ &= 2x + 5 - x^2 + 1\\ &= -x^2 + 2x + 6.\end{aligned}$$

(c) *O produto entre f e g é dado por*

$$\begin{aligned}(f \cdot g)(x) &= f(x) \cdot g(x) \\ &= (2x+5) \cdot (x^2-1) \\ &= 2x^3 - 2x + 5x^2 - 5 \\ &= 2x^3 + 5x^2 - 2x - 5.\end{aligned}$$

(d) *O quociente entre f e g é dado por*

$$\left(\frac{f}{g}\right)(x) = \frac{f(x)}{g(x)} = \frac{(2x+5)}{(x^2-1)},$$

sendo que o domínio de $\frac{f}{g}$ é o conjunto dos números reais tais que $x^2 - 1 \neq 0$, ou seja,

$$Dom\left(\frac{f}{g}\right) = \mathbb{R} - \{\pm 1\}.$$

Exemplo 4.2. *Dados $f(x) = \sqrt{7-x}$ e $g(x) = \sqrt{\frac{x-2}{1-x}}$, podemos observar que $D(f) = (-\infty, 7]$.*

Para determinar o domínio da função g, primeiramente analisamos os valores x, onde $x \neq 1$ e $\frac{x-2}{1-x} \geq 0$.

- *Quando $x > 2$, temos que $x - 2 > 0$ e*

  $$0 > 2-x \Rightarrow -1 > 2-x-1 \Rightarrow -1 > 1-x \Rightarrow \frac{-1}{1-x} > 0 \Rightarrow \frac{1}{1-x} < 0.$$

  Assim, podemos afirmar que $\frac{x-2}{1-x} < 0$.

- *Quando $x < 1$, temos que $x - 2 < -1 < 0$ e de*

  $$x - 2 < -1 \Rightarrow 0 < 1 - x \Rightarrow \frac{1}{1-x} > 0.$$

  Assim, podemos afirmar que $\frac{x-2}{1-x} < 0$.

- *Quando* $1 < x \leq 2$, *temos que*

$$x - 2 \leq 0 \;\; e \;\; 1 - x < 0 \Rightarrow \frac{1}{1-x} < 0 \Rightarrow \frac{x-2}{1-x} > 0.$$

Sabendo que o domínio da função raiz quadrada são os números não negativos, podemos concluir que $D(g) = (1, 2]$.

Com isso, podemos calcular as funções soma, subtração, produto e quociente de f *e* g*:*

$$(f+g)(x) = \sqrt{7-x} + \sqrt{\frac{x-2}{1-x}} \;\; e \;\; (f-g)(x) = \sqrt{7-x} - \sqrt{\frac{x-2}{1-x}}.$$

$$(f \cdot g)(x) = \sqrt{7-x} \cdot \sqrt{\frac{x-2}{1-x}},$$

sendo que o domínio de cada função é $D(f) \cap D(g) = (-\infty, 7] \cap (1, 2] = (1, 2]$.

$$\left(\frac{f}{g}\right)(x) = \frac{\sqrt{7-x}}{\sqrt{\frac{x-2}{1-x}}},$$

sendo que o domínio desta função é

$$D\left(\frac{f}{g}\right) = \{x \in (1, 2] \mid x - 2 \neq 0\} = \{x \in (1, 2] \mid x \neq 2\} = (1, 2).$$

Observação 4.3. *A manipulação de funções que envolvem raízes exige uma atenção adicional em relação aos seus domínios. É importante notar que, analisando a função do exemplo anterior,*

$$(f \cdot g)(x) = \sqrt{7-x} \cdot \sqrt{\frac{x-2}{1-x}}$$

é diferente da função

$$h(x) = \sqrt{\frac{(7-x)(x-2)}{1-x}},$$

uma vez que $7 \notin D(f \cdot g) = (1, 2]$, *mas* $7 \in D(h)$, *pois*

$$h(7) = \sqrt{\frac{(7-7)(7-2)}{1-7}} = 0.$$

4.1.1 Exercícios propostos

Exercício 4.1. *Para cada item, determine o domínio e a expressão das funções* $f+g$, $f-g$, $f \cdot g$ *e* $\frac{f}{g}$.

(a) $f(x) = 2x, \quad g(x) = x^2 + 1;$

(b) $f(x) = 3x - 2, \quad g(x) = |x|;$

(c) $f(x) = \dfrac{x}{1+x}, \quad g(x) = \dfrac{1}{x};$

(d) $f(x) = \sqrt{x+1}, \quad g(x) = x - 1;$

(e) $f(x) = x^5, \quad g(x) = \dfrac{1}{\sqrt{10x}};$

(f) $f(x) = x^2 + 3, \quad g(x) = \dfrac{\sqrt{x-3}}{x}.$

Exercício 4.2. *Seja a função* $f(x) = \dfrac{x^2-1}{x-1}$. *Calcule* $(f \cdot f)(x)$.

Exercício 4.3. *Dadas as funções* $f(x) = \sqrt{x+2}$ *e* $g(x) = \dfrac{1}{x-1}$. *Determine o domínio de* $(f \cdot g \cdot f)(x)$ *e calcule* $(f \cdot g \cdot f)(x)$.

Exercício 4.4. *Seja a função* $f(x) = \dfrac{x}{x+2}$. *Calcule* $(3f \cdot f)(x)$ *e determine o domínio de* $(3f \cdot f)(x)$.

Exercício 4.5. *Sejam as funções* $f(x) = 2x - 1$ *e* $g(x) = x^2 + 3x - 4$. *Determine o domínio de* $(kf/g)(x)$ *e calcule* $(kf/g)(x)$ *para* $k > 0$.

Exercício 4.6. *Dadas as funções* $f(x) = 2x + 1$ *e* $g(x) = x^2 - 4$, *calcule* $(2f + 3g)(x)$ *e* $(4f \cdot g)(x)$ *e determine seus respectivos domínios.*

Exercício 4.7. *Considere as funções* $f(x) = \sqrt{x+3}$ *e* $g(x) = \sqrt{6-x}$. *Determine o domínio de* $f \cdot f + g$ *e de* $f \cdot \left(\dfrac{1}{g}\right)$.

Exercício 4.8. *Seja* $f(x) = \dfrac{1}{x-1}$ *e* $g(x) = \dfrac{x+1}{x-2}$. *Determine o domínio de* $\dfrac{f \cdot g}{g + f}$.

Exercício 4.9. *Sejam* $f(x) = \sqrt{x+2}$ *e* $g(x) = \sqrt{2-x}$. *Determine o domínio de* $\dfrac{1}{f \cdot g}$ *e calcule* $\dfrac{1}{f \cdot g}$.

Exercício 4.10. *Considere as funções* $f(x) = \dfrac{x}{x-3}$ *e* $g(x) = \dfrac{1}{2-x}$. *Calcule* $\left(\dfrac{f \cdot g}{f - g}\right)(x)$ *e determine seu domínio.*

4.2 Paridade das funções

Nas operações algébricas dos números reais, sabemos que, dado $n \in \mathbb{Z}$,

$$(-1)^n = \begin{cases} 1, & \text{se } n \text{ é um número par;} \\ -1, & \text{se } n \text{ é um número ímpar.} \end{cases}$$

Observe que, para quaisquer $x \in \mathbb{R}^*$ e $n \in \mathbb{Z}$,

$$(-x)^n = (-1 \cdot x)^n = (-1)^n \cdot x^n.$$

Assim, podemos afirmar que

$$(-x)^n = \begin{cases} x^n, & \text{se } n \text{ é um número par;} \\ -x^n, & \text{se } n \text{ é um número ímpar.} \end{cases}$$

A paridade de funções é um importante conceito matemático que descreve a simetria de uma função em relação ao eixo vertical. Estudar a paridade de uma função pode simplificar muitas manipulações algébricas, semelhantes ao exemplo descrito anteriormente, e facilitar a compreensão e resolução de problemas matemáticos. Nesta seção, vamos explorar em detalhes a paridade de funções e suas propriedades.

4.2.1 Funções pares

Definição 4.2. *Uma função f é chamada de **função par**, se sua imagem é simétrica em relação ao eixo vertical, ou seja, se, para todo $x \in D(f)$,*

$$f(-x) = f(x).$$

Observação 4.4. *Se f é uma função par, então $x \in D(f) \Leftrightarrow -x \in D(f)$.*

Exemplo 4.3. *Seja $f(x) = k$ uma função constante. Como $f(x) = k$ para todo $x \in \mathbb{R}$, em particular para $-x$, ou seja, $f(-x) = k = f(x)$. Assim, podemos concluir que as funções constantes são funções pares.*

Exemplo 4.4. *As funções potências $p(x) = ax^n$, onde $a \in \mathbb{R}$ e n é um número inteiro par, são funções pares. De fato,*

$$p(-x) = a(-x)^n = a[(-1) \cdot (x)]^n = a(-1)^n(x)^n = a \cdot 1 \cdot x^n = ax^n = p(x).$$

Observe que o esboço do gráfico da função $f(x) = x^2$ é simétrico em relação ao eixo y (ver Figura 4.1).

Exemplo 4.5. *Dado a função $g(x) = x^6 + 1$, temos que*

$$g(-x) = (-x)^6 + 1 = (-1 \cdot x)^6 + 1 = (-1)^6 \cdot x^6 + 1 = x^6 + 1 = g(x),$$

para todo $x \in \mathbb{R}$, ou seja, a função g é uma função par. Na Figura 4.2 temos o esboço do gráfico da função.

Figura 4.1:

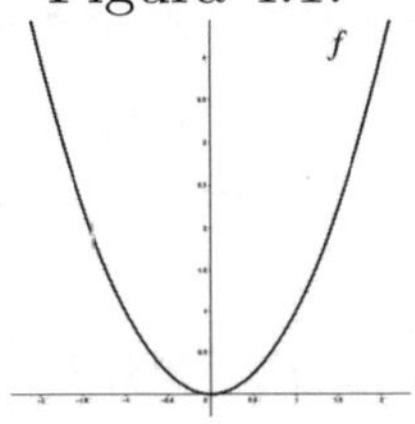

$f(x) = x^2$

Figura 4.2:

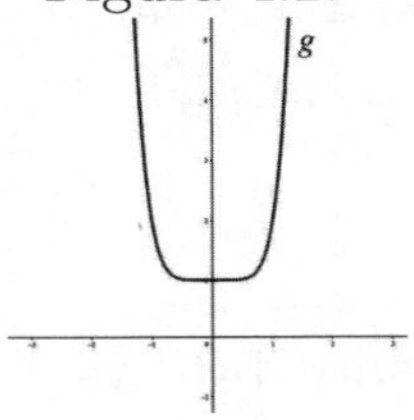

$g(x) = x^6 + 1$

Exemplo 4.6. *Se $f(x) = |x|$ para todo $x \in \mathbb{R}$, então*

$$f(-x) = |-x| = |(-1) \cdot x| = |-1| \cdot |x| = 1 \cdot |x| = |x| = f(x).$$

Mostrando que a função módulo é uma função par (ver esboço do gráfico Figura 4.3).

Exemplo 4.7. *Se $h(x) = \sqrt[3]{x^4}$, então temos que, para todo $x \in \mathbb{R}$,*

$$h(-x) = \sqrt[3]{(-x)^4} = \sqrt[3]{(-1 \cdot x)^4} = \sqrt[3]{x^4} = h(x),$$

ou seja, h é uma função par (ver esboço do gráfico na Figura 4.4).

Figura 4.3:

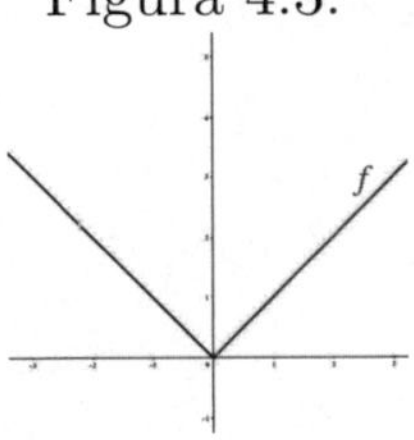

$f(x) = |x|$.

Figura 4.4:

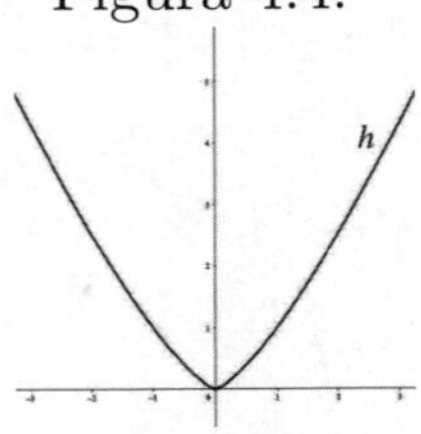

$h(x) = \sqrt[3]{x^4}$.

Observação 4.5. *É importante destacar que as funções pares possuem a propriedade de que seus gráficos são simétricos em relação ao eixo y. Portanto, para esboçar o gráfico de uma função par, podemos primeiro desenhar a parte da função que está à direita da origem e, em seguida, desenhar de forma simétrica em relação ao eixo y a parte que está à esquerda da origem.*

4.2.2 Funções ímpares

Definição 4.3. *Uma função f é chamada de **função ímpar** se sua imagem é simétrica em relação à origem do plano cartesiano, ou seja, se, para todo $x \in D(f)$,*

$$f(-x) = -f(x).$$

Observação 4.6. *Se f é uma função ímpar, então $x \in D(f) \Leftrightarrow -x \in D(f)$.*

Exemplo 4.8. *As funções potências $p(x) = ax^n$, onde $a \in \mathbb{R}$ e n um número inteiro ímpar, são funções ímpares. De fato,*

$$p(-x) = a(-x)^n = a(-1)^n x^n = (-1)^n a x^n = -ax^n = -p(x).$$

Observe que o esboço do gráfico da função $f(x) = x^3$ é simétricos à origem (ver Figura 4.5).

Exemplo 4.9. *Se $n \in \mathbb{N}^*$ é ímpar, então a função raiz n-ésima $f(x) = \sqrt[n]{x}$ é uma função ímpar. De fato,*

$$f(-x) = \sqrt[n]{-x} = \sqrt[n]{(-1)x} = (-1)\sqrt[n]{x} = -\sqrt[n]{x} = -f(x).$$

Observe que o esboço do gráfico da função $f(x) = \sqrt[3]{x}$ é simétrico em relação ao eixo x (ver Figura 4.6).

Figura 4.5:

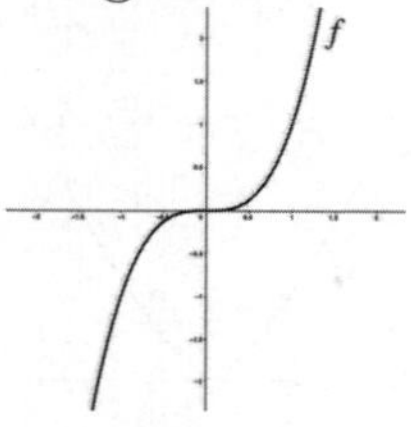

$f(x) = x^3$

Figura 4.6:

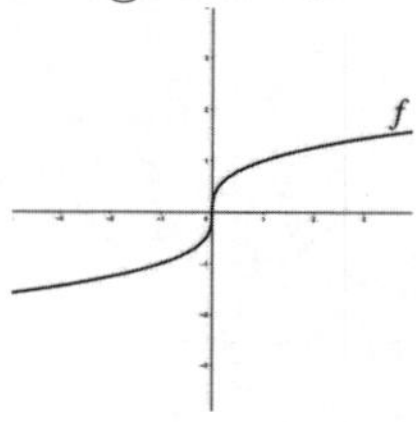

$f(x) = \sqrt[3]{x}$

Exemplo 4.10. *Se* $g(x) = x^5 - x$*, temos que, para todo* $x \in \mathbb{R}$*,*

$$g(-x) = (-x)^5 - (-x) = (-1)^5 x^5 + x = -x^5 + x = -(x^5 - x) = -g(x).$$

Provando que g *é uma função ímpar (ver esboço do gráfico na Figura 4.7).*

Exemplo 4.11. *Analisando a função* $h(x) = \sqrt[5]{x^7}$*, temos que, para todo* $x \in \mathbb{R}$*,*

$$h(-x) = \sqrt[5]{(-x)^7} = \sqrt[5]{(-1) \cdot x^7} = (-1)\sqrt[5]{x^7} = (-1)h(x) = -h(x),$$

ou seja, h *é uma função ímpar (ver esboço do gráfico na Figura 4.8).*

Figura 4.7:

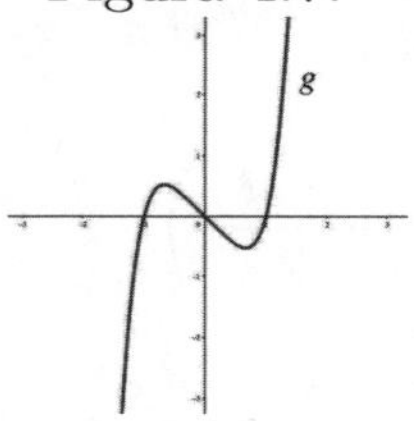

$g(x) = x^5 - x$

Figura 4.8:

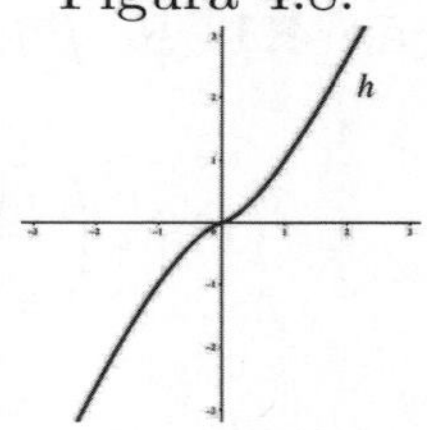

$h(x) = \sqrt[5]{x^7}$

Observação 4.7. *É importante destacar que as funções ímpares possuem a propriedade de que seus gráficos são simétricos em relação à origem. Portanto, para esboçar o gráfico de uma função ímpar, devemos começar a partir da origem no sentido positivo e, em seguida, desenhar de forma simétrica em relação à origem no sentido negativo.*

Nos próximos exemplos, apresentaremos maneiras de como justificar se uma função não é par nem ímpar.

Exemplo 4.12. *Dada a função* $h(x) = x^3 - x^2$*, podemos verificar que, para todo* $x \in \mathbb{R}^*$*,*

$$h(-x) = (-x)^3 - (-x)^2 = (-1)^3 x^3 - [(-1)^2 x^2] = -x^3 - x^2 \neq h(x),$$

o que significa que a função h *não é uma função par. Além disso, podemos observar que*

$$-h(x) = -(x^3 - x^2) = -x^3 + x^2 \neq -x^3 - x^2 = h(-x),$$

o que mostra que a função h *não é uma função ímpar.*

Exemplo 4.13. *Considere a função* $g(x) = |x+1|$. *Observamos que, para* $x = 2$,

$$g(2) = |2+1| = |3| = 3, \quad g(-2) = |-2+1| = |-1| = 1 \;\; e \;\; -g(2) = -3.$$

Portanto, temos que $g(2) \neq g(-2)$ *e* $g(-2) \neq -g(2)$, *o que implica que* g *não é uma função par nem ímpar.*

A seguinte proposição mostra que toda função com domínio em $\mathbb{R}$ pode ser escrita como a soma de uma função par com uma função ímpar.

Proposição 4.1. *Se* f *é uma função com domínio em* $\mathbb{R}$, *então*

$$f(x) = \left(\frac{f(x)}{2} + \frac{f(-x)}{2}\right) + \left(\frac{f(x)}{2} - \frac{f(-x)}{2}\right),$$

onde $\frac{f(x)}{2} + \frac{f(-x)}{2}$ *é uma função par e* $\frac{f(x)}{2} - \frac{f(-x)}{2}$ *é uma função ímpar.*

Demonstração: Denotando

$$g(x) = \frac{f(x)}{2} + \frac{f(-x)}{2} \;\text{ e }\; h(x) = \frac{f(x)}{2} - \frac{f(-x)}{2},$$

temos:

$$\begin{aligned} g(-x) &= \frac{f(-x)}{2} + \frac{f(-(-x))}{2} \\ &= \frac{f(-x)}{2} + \frac{f(x)}{2} \\ &= \frac{f(x)}{2} + \frac{f(-x)}{2} \\ &= g(x). \end{aligned}$$

e

$$\begin{aligned} h(-x) &= \frac{f(-x)}{2} - \frac{f(-(-x))}{2} \\ &= \frac{f(-x)}{2} - \frac{f(x)}{2} \\ &= -\frac{f(x)}{2} + \frac{f(-x)}{2} \\ &= -\left(\frac{f(x)}{2} - \frac{f(-x)}{2}\right) \\ &= -h(x). \end{aligned}$$

Assim, podemos afirmar que g é uma função par e h é uma função ímpar. A igualdade $f(x) = g(x) + h(x)$ segue de imediato. □

4.2.3 Exercícios propostos

Exercício 4.11. *Justifique se a afirmação é verdadeira ou, caso contrário, determine um contraexemplo.*

(a) *A soma de duas funções pares é uma função par.*

(b) *A soma de duas funções ímpares é uma função ímpar.*

(c) *O produto de duas funções ímpares é uma função ímpar.*

(d) *O produto de duas funções ímpares é uma função par.*

(e) *O quociente de duas funções pares é uma função par.*

(f) *O quociente de duas funções ímpares é uma função par.*

(g) *O quociente de duas funções ímpares é uma função ímpar.*

(h) *O produto de duas funções com paridades distintas é uma função ímpar.*

(i) *Se f é uma função par, então $f(0) = 0$.*

Exercício 4.12. *Verifique quais das funções listadas abaixo são pares, ímpares ou sem paridades. Em todos os itens, $n \in \mathbb{Z}$.*

(a) $f(x) = |x^n|$ *para n ímpar.*

(b) $f(x) = x^n + c$ *para n ímpar e $c \neq 0$.*

(c) $f(x) = x^n + c$ *para n par e $c \neq 0$.*

Exercício 4.13. *Justifique as seguintes afirmações:*

(a) *Se f é uma função ímpar, então $f(0) = 0$.*

(b) *Se f é uma função par, então $g(x) = |f(x)|$ é uma função par.*

(c) *Se f é uma função ímpar, então $g(x) = |f(x)|$ é uma função par.*

(d) *A única função par e ímpar simultaneamente é a função nula.*

Exercício 4.14. *Determinar qual é a paridade da seguintes funções:*

(a) $f(x) = 3x^4 - 2x^2 + 1;$

(b) $f(x) = 3x^2 + 2x - 1;$

(c) $f(x) = x^2 + 2x + 2;$

(d) $g(x) = e^x + e^{-x};$

(e) $g(x) = 2x^4 - 3x^2;$

(f) $g(x) = \dfrac{x+1}{x-1};$

(g) $h(x) = \sqrt{x^2 + 1};$

(h) $h(x) = \frac{x^3}{3} - \frac{x}{3};$

(i) $h(x) = \frac{1}{2}(a^x - a^{-x})$, *onde $a > 1$.*

Exercício 4.15. *Escreva a função*

$$g(x) = x^3 - 4x^2 + x + 6$$

como uma soma de uma função par e uma função ímpar.

Exercício 4.16. *Seja $f(x)$ uma função ímpar. Mostre que a função $g(x) = f(x^2)$ é par.*

4.3 Composição das funções

Ao estudarmos se uma função f é par ou ímpar, inicialmente precisamos calcular a expressão $f(-x)$. Para isso, podemos denotar a função g como $g(x) = -x$, de modo que a expressão $f(-x)$ é igual a $f(g(x))$. Essa expressão só faz sentido se $g(x) = -x$ pertence ao domínio de f.

Além disso, podemos utilizar as funções já existentes para criar novas funções por meio da composição. Por exemplo, dadas as funções $h(x) = x+2$ e $s(x) = \sqrt{x}$, podemos definir uma nova função u como $u(x) = s(h(x)) = \sqrt{x+2}$. Para que essa expressão seja bem definida, precisamos ter $x+2 \geq 0$, ou seja, o domínio da função u é o intervalo $[-2, +\infty)$. Esse processo é chamado de **composição de funções**.

Definição 4.4. *Sejam as funções $f : A \to B$ e $g : C \to D$. A composição das funções f e g (nessa ordem) é uma nova função h definida por*

$$h(x) = f(g(x)) \text{ onde } D(h) = x \in C \mid g(x) \in A.$$

*A função h recebe o nome de **função composta** das funções f e g. A notação $f \circ g$ representa a função composta das funções f e g.*

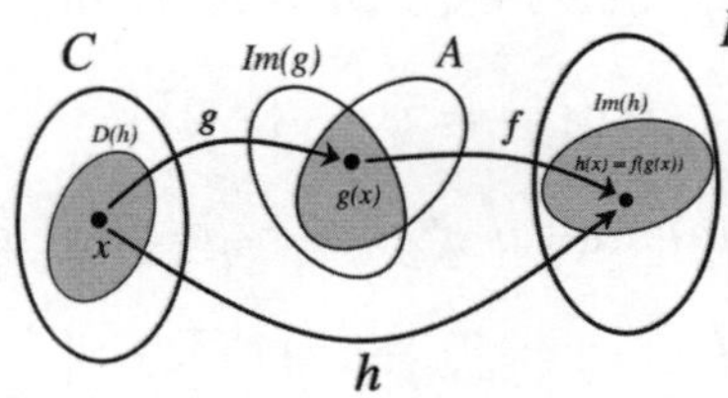

Observação 4.8. *Se $Im(f) \cap C \neq \emptyset$, então*

$$(g \circ f)(x) = g(f(x)) \text{ onde } D(g \circ f) = \{x \in A \mid f(x) \in C\}.$$

Exemplo 4.14. *Sejam $u(x) = x^3 + 1$ e $v(x) = x^5$. Para calcularmos a função composta $u \circ v$, inicialmente escrevemos a função*

$$u(\square) = \square^3 + 1$$

e, em seguida, substituímos $\square$ por $v(x)$, ou seja,

$$(u \circ v)(x) = u(v(x)) = u(x^5) = (x^5)^3 + 1 = x^{15} + 1.$$

Exemplo 4.15. *Para determinar a composição $f(x+2)$ onde*

$$f(x) = 2x^3 + \frac{1}{x} - 7,$$

inicialmente escrevemos a função f trocando x por $\square$, ou seja,

$$f(\square) = 2\square^3 + \frac{1}{\square} - 7.$$

Em seguida, obtemos $f(x+2)$, colocando a expressão $x+2$ no lugar de $\square$.

$$f(x+2) = 2(x+2)^3 + \frac{1}{x+2} - 7.$$

Observação 4.9. *Para efetuarmos os cálculos nos exemplos anteriores, utilizamos $\square$ como um recurso visual para simplificarmos o entendimento da composição das funções. A partir de agora, tal procedimento será feito de maneira implícita.*

Exemplo 4.16. *Dados as funções $f(x) = \sqrt{x^3} + 1$ e $g(x) = \frac{x^3}{x+2}$, os domínios de f e g são, respectivamente, os conjuntos*

$$D(f) = [0, +\infty) \quad e \quad D(g) = \mathbb{R} - -2.$$

Para determinarmos o domínio da função composta $h = f \circ g$, primeiro calculamos a imagem de g, que neste caso coincide com o seu domínio.

$$Im(g) = \mathbb{R} - \{-2\}.$$

Assim, podemos afirmar que o domínio da função h é o conjunto

$$D(h) = D(f) \cap Im(g) = [0, +\infty) \cap \mathbb{R} - \{-2\} = [0, +\infty).$$

Portanto a expressão de h é dada por

$$\begin{aligned} h(x) &= (f \circ g)(x) = f(g(x)); \\ &= f\left(\frac{x^3}{x+2}\right); \\ &= \sqrt{\left(\frac{x^3}{x+2}\right)^3} + 1; \\ &= \sqrt{\frac{(x^3)^3}{(x+2)^3}} + 1; \\ &= \sqrt{\frac{x^9}{x^3 + 6x^2 + 12x + 8}} + 1. \end{aligned}$$

Observamos que a composição entre funções não é restrita somente a duas funções. No seguinte exemplo, aprenderemos a calcular uma composição entre três funções. O procedimento para composição de quatro ou mais funções é análogo.

Exemplo 4.17. *O cálculo de* $(f \circ g \circ h)(x) = f(g(h(x)))$*, onde* $f(x) = x^2 + 4x - 2$*,* $g(x) = \sqrt{x^2+1}$ *e* $h(x) = \frac{1}{x}$*, é feito da seguinte maneira: Primeiramente, calculamos a composição* $g \circ h$ *e, em seguida, a composição da função* f *com a função* $g \circ h$*. De fato,*

$$\begin{aligned}
(f \circ g \circ h)(x) &= f(g(h(x))) = f\left(g\left(\tfrac{1}{x}\right)\right); \\
&= f\left(\sqrt{\left(\tfrac{1}{x}\right)^2 + 1}\right); \\
&= f\left(\sqrt{\tfrac{1}{x^2} + 1}\right); \\
&= f\left(\sqrt{\tfrac{1+x^2}{x^2}}\right); \\
&= \left(\sqrt{\tfrac{1+x^2}{x^2}}\right)^2 + 4\left(\sqrt{\tfrac{1+x^2}{x^2}}\right) - 2; \\
&= \tfrac{1+x^2}{x^2} + \tfrac{4\sqrt{1+x^2}}{\sqrt{x^2}} - 2; \\
&= \tfrac{1+x^2}{x^2} + \tfrac{4\sqrt{1+x^2}}{|x|} - 2.
\end{aligned}$$

Observação 4.10. *Usualmente, ao calcular a composição de várias funções, primeiro obtemos sua expressão geral e depois verificamos seu domínio.*

Exemplo 4.18. *Considerando as funções* $f(x) = x + 2$ *e* $g(x) = x^2 - 2$*, para calcularmos os valores de* x *nos quais* $f(g(x)) = g(f(x))$*, inicialmente calculamos*

$$\begin{aligned}
f(g(x)) &= g(x) + 2; \\
&= x^2 - 2 + 2; \\
&= x^2.
\end{aligned}$$

e

$$\begin{aligned} g(f(x)) &= (f(x))^2 - 2; \\ &= (x+2)^2 - 2; \\ &= x^2 + 4x + 4 - 2; \\ &= x^2 + 4x + 2. \end{aligned}$$

Assim, resolvendo a equação

$$x^2 = x^2 + 4x + 2 \Rightarrow 4x + 2 = 0,$$

obtemos o valor $x = -\frac{1}{2}$, *que satisfaz a equação* $f(g(x)) = g(f(x))$.

Exemplo 4.19. ***(Meio ambiente)***
Um estudo sobre condições ambientais em uma comunidade suburbana indica que a taxa média diária de monóxido de carbono no ar será de $c(p) = 0,6p + 1$ *parte por milhão, quando a população de comunidade será de* $p(t) = 11 + 0,2t^2$ *milhares. Podemos expressar a taxa de monóxido de carbono no ar como função do tempo. Para isso, devemos calcular a composição da função* $c(p)$ *com a função* $p(t)$, *ou seja,*

$$\begin{aligned} c(p(t)) &= c(11 + 0,2t^2); \\ &= 0,6(11 + 0,2t^2) + 1; \\ &= 6,6 + 0,12t^2 + 1; \\ &= 7,6 + 0,12t^2. \end{aligned}$$

No cálculo para determinarmos em que tempo a cidade terá $8,68$ *média diária de monóxido de carbono, basta resolvermos a equação* $c(p(t)) = 8,68$, *ou seja,*

$$\begin{aligned} 8,68 &= 7,6 + 0,12t^2; \\ 0,12t^2 &= 8,68 - 7,6; \\ t^2 &= \tfrac{1,08}{0,12} = \tfrac{108}{12} = 9; \\ t &= \pm\sqrt{9} = \pm 3. \end{aligned}$$

Sabendo que a variável tempo é uma positiva, obtemos que, em 3 anos, o nível de monóxido de carbono da comunidade será de $8,68$ *partes por milhão.*

4.3.1 Exercícios propostos

Exercício 4.17. *Calcule:*

(a) $f(x+2)$ *sabendo que* $f(x) = 2x^2 - x + 5$;

(b) $f(x^2-1)$ *sabendo que* $f(x) = \sqrt{x} + \dfrac{1}{x-1}$;

(c) $f(4x)$ *sabendo que* $f(x) = \sqrt{x^2+1}$.

Exercício 4.18. *Dada a função* $f(x) = |x| - 2x$, *calcular* $f(-1)$, $f(2)$ *e* $f(\frac{1}{2})$. *Mostrar que* $f(|a|) = -|a|$.

Exercício 4.19. *Sejam*

$$f(x) = \begin{cases} 5x, & x \leq 0 \\ -x, & 0 < x \leq 8 \\ \sqrt{x}, & x > 8 \end{cases} \text{ e } g(x) = x^3.$$

Calcule $f \circ g$ *e* $g \circ f$.

Exercício 4.20. *Sendo* $f(x) = ax + b$, *para quais valores de* a *e* b *obtemos* $(f \circ f)(x) = 8x - 18$?

Exercício 4.21. *Sabendo que* $f(x) = 3x^2$ *e* $g(x) = 4x - 3$, *encontre os valores reais tais que* $(f \circ g)(x) = (g \circ f)(x)$.

Exercício 4.22. *Considere as funções* $f(x) = 2x + 1$, $g(x) = 5x + 9$ *e* $h(x) = 6x^2$. *Determine as funções* $(f \circ g) \circ h$ *e* $(g \circ h) \circ f$.

Exercício 4.23. ***(Consumo)***
Um exportador de café calcula que consumidores comprarão aproximadamente

$$Q(p) = \frac{160512}{p^2}$$

quilogramas de café por semana, quando o preço do quilograma for p *reais. Imaginamos que, daqui a* t *semanas, o quilograma do café custará* $0,002t^2 + 0,04t + 5$ *reais.*

(a) *Expresse o consumo diário de café em função por dia.*

(b) *Quantos quilogramas de café os consumidores comprarão daqui a 63 dias?*

(c) *Quando a demanda de café atingirá 2508 quilogramas?*

Exercício 4.24. ***(Meio ambiente)***
O estudo das condições ambientais de uma comunidade indica que a taxa média diária de monóxido de carbono do ar será de $c(p) = 0,5p + 1$ parte por milhão, quando a população for de p milhares. Avaliamos que daqui a t anos a população da comunidade será de $p(t) = 7 + 0,2t^2$ milhares.

(a) *Expresse a futura taxa de monóxido de carbono da comunidade em função de anos.*

(b) *Daqui a 5 anos qual será a taxa de monóxido de carbono?*

(c) *Quando o nível de monóxido de carbono atingirá 14,5 partes por milhão?*

Exercício 4.25. ***(Unicap-PE)***
Um estudo das condições ambientais de um município indica que a taxa média de monóxido de carbono no ar será de $C(p) = 0,5p - 1$ ppm (partes por milhão) quando a população for de p milhares de habitantes. Daqui a t anos, a população será de $p(t) = 10 + 0,1t^2$.

(a) *Atualmente, qual é a taxa de monóxido no ar?*

(b) *Qual será a taxa de monóxido de carbono daqui a 4 anos?*

(c) *Daqui a quanto tempo a concentração do monóxido será de 9 ppm?*

(d) *Determine o nível de monóxido em função do tempo.*

Exercício 4.26. ***(UC-GO)***
Dadas as funções $f(x) = x^2 - 5x + 6$ e $g(x) = 2x + 1$, qual é a solução da equação

$$\frac{f(1) - g(x)}{f(g(2))} = \frac{f(2)}{f(0)}?$$

Exercício 4.27. ***(UF-MS)***
Sejam f e g funções de $\mathbb{R}_+$ em $\mathbb{R}_+$ definidas por

$$f(x) = x^{\frac{3}{2}} - 6x \ e \ g(x) = x^2.$$

Calcule o maior valor de x de modo que $(f \circ g)(x) = -5x$.

Exercício 4.28. ***(UCSal-BA)***
Sejam f e g funções de $\mathbb{R}$ em $\mathbb{R}$ definidas por

$$f(x) = \frac{2x-3}{4} \ e \ g(x) = 3x + k, \ sendo \ k \ uma \ constante \ real.$$

Se $(f \circ g)(x) = (g \circ f)(x)$, então o número k é:

(a) *negativo;*
(b) *par;*
(c) *primo;*
(d) *divisível por 5;*
(e) *quadrado perfeito.*

4.4 Funções monótonas

Do axioma de ordem (ver Axioma 2.3), sabemos que podemos relacionar quaisquer dois números reais por meio da relação de desigualdade, ou seja, dados $a, b \in \mathbb{R}$, temos que $a \leq b$ ou $a \geq b$. Sobre isso, dizemos que a função é uma **função monótona** quando, dados quaisquer dois números reais do domínio da função, a ordem dos valores da função se mantém ou se inverte. A seguinte definição apresenta os quatro tipos de funções monótonas.

Definição 4.5. *Dada uma função monótona $f : A \to B$ onde $A, B \subset \mathbb{R}$ e $x_1, x_2 \in A$, dizemos que f é:*

- **função crescente** quando

$$x_1 < x_2 \Rightarrow f(x_1) < f(x_2);$$

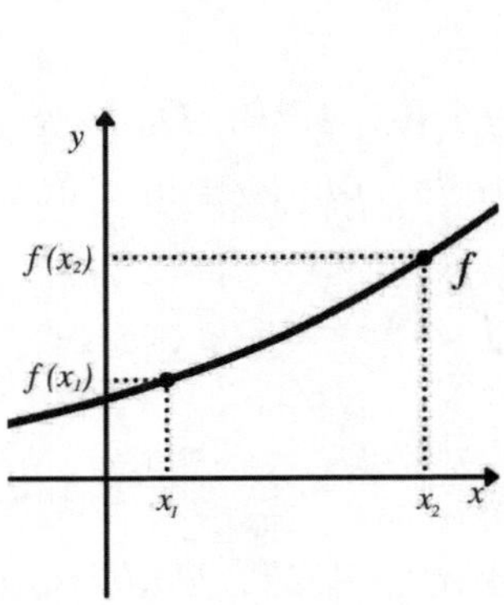

- **função decrescente** quando

  $x_1 < x_2 \Rightarrow f(x_1) > f(x_2);$

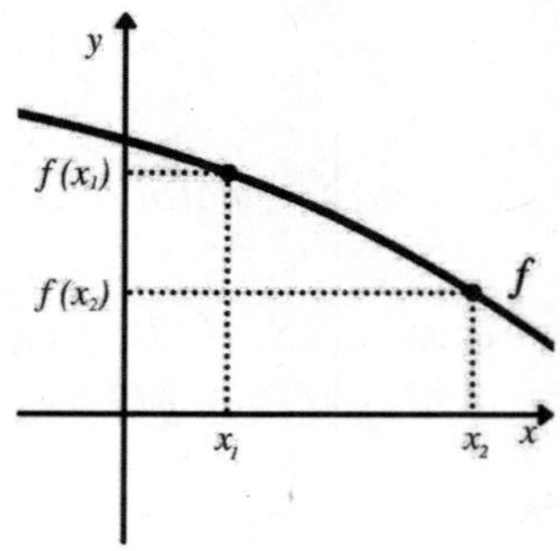

- **função não decrescente** quando

  $x_1 < x_2 \Rightarrow f(x_1) \leq f(x_2);$

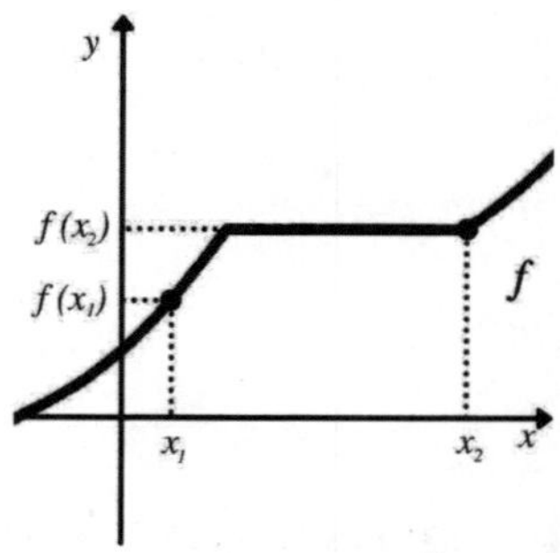

- **função não crescente** quando

  $x_1 < x_2 \Rightarrow f(x_1) \geq f(x_2).$

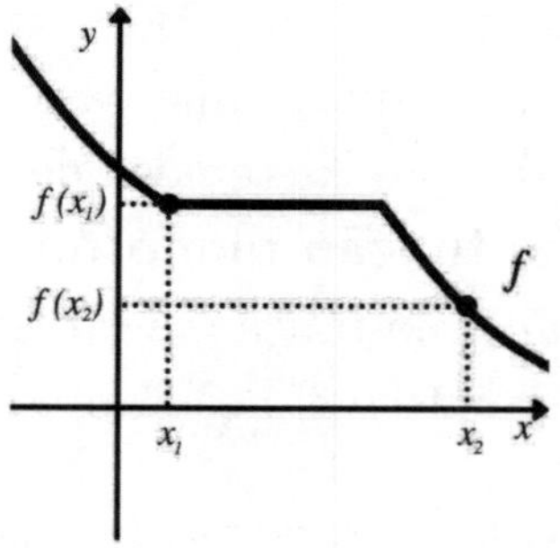

Exemplo 4.20. *Dado $k \in \mathbb{R}$, as funções constantes $f(x) = k$ são consideradas funções não decrescentes e não crescentes em todo conjunto dos números reais. Isso ocorre porque, dados $x_1, x_2 \in \mathbb{R}$ com $x_1 < x_2$, temos que $f(x_1) = k = f(x_2)$, ou seja, $f(x_1) \leq f(x_2)$ e $f(x_1) \geq f(x_2)$.*

Exemplo 4.21. *Dada uma função linear afim $f(x) = ax + b$ com $a, b \in \mathbb{R}^*$. Se $a > 0$, então a função $f(x) = ax + b$ é crescente. De fato, dados*

$x_1, x_2 \in \mathbb{R}$ onde $x_1 < x_2$, temos

$$\begin{array}{rcl} x_1 & < & x_2; \\ ax_1 & < & ax_2; \\ ax_1 + b & < & ax_2 + b; \\ f(x_1) & < & f(x_2). \end{array}$$

Se $a < 0$, então a função $f(x) = ax + b$ é decrescente. De fato, dados $x_1, x_2 \in \mathbb{R}$ onde $x_1 < x_2$, temos

$$\begin{array}{rcl} x_1 & < & x_2; \\ ax_1 & > & ax_2; \\ ax_1 + b & > & ax_2 + b; \\ f(x_1) & > & f(x_2). \end{array}$$

Exemplo 4.22. *Analisando a função $f(x) = x^2$, com domínio em $\mathbb{R}$, observamos que ela não é uma função monótona. Isso ocorre porque a função apresenta valores crescentes e decrescentes em diferentes intervalos do domínio. Por exemplo, para os números $-3 < 2$, obtemos que $f(-3) = 9 > 4 = f(2)$ e, para os números $1 < 2$, temos que $f(1) = 1 < 4 = f(2)$.*

No entanto, se definirmos a função $f(x) = x^2$ no intervalo $[0, +\infty)$, ela se torna uma função crescente. Nesse caso, dados $x_1, x_2 \geq 0$ com $0 \leq x_1 < x_2$, obtemos que

$$\begin{array}{rcl} x_1 & < & x_2; \\ (x_1)^2 & < & (x_2)^2; \\ f(x_1) & < & f(x_2). \end{array}$$

Se definirmos $f(x) = x^2$ no intervalo $(-\infty, 0]$, então $f(x) = x^2$ é uma função decrescente. Nesse caso, dados $x_1, x_2 \leq 0$, com $x_1 < x_2 \leq 0$, obtemos que

$$\begin{array}{rcl} x_1 & < & x_2; \\ (x_1)^2 & > & (x_2)^2; \\ f(x_1) & > & f(x_2). \end{array}$$

Mostramos anteriormente que a função $f(x) = x^2$ não é uma função monótona em todo o seu domínio. No entanto, ela é monótona em cada um dos intervalos $[0, +\infty)$ e $(-\infty, 0]$. No próximo resultado, iremos apresentar uma generalização dessa propriedade para todas as funções quadráticas.

Proposição 4.2. *Seja* $f(x) = ax^2 + bx + c$ *com* $a, b, c \in \mathbb{R}$ *e* $a \neq 0$.

(a) *Se* $a > 0$, *então* f *é decrescente no intervalo* $\left(-\infty, \frac{-b}{2a}\right]$ *e crescente no intervalo* $\left[\frac{-b}{2a}, +\infty\right)$.

(b) *Se* $a < 0$, *então* f *é crescente no intervalo* $\left(-\infty, \frac{-b}{2a}\right]$ *e decrescente no intervalo* $\left[\frac{-b}{2a}, +\infty\right)$.

Demonstração:

(a) Se $x_1 < x_2 \leq \frac{-b}{2a}$, então

$$\begin{array}{ccccc} x_1 + \frac{b}{2a} & < & x_2 + \frac{b}{2a} & \leq & 0; \\ (x_1 + \frac{b}{2a})^2 & > & (x_2 + \frac{b}{2a})^2 & \geq & 0; \\ a(x_1 + \frac{b}{2a})^2 & > & a(x_2 + \frac{b}{2a})^2 & \geq & 0; \\ a(x_1 + \frac{b}{2a})^2 + f\left(\frac{-b}{2a}\right) & > & a(x_2 + \frac{b}{2a})^2 + f\left(\frac{-b}{2a}\right) & \geq & f\left(\frac{-b}{2a}\right). \end{array}$$

Observe que, na última expressão, temos a forma canônica de $f(x_1)$ e $f(x_2)$, respectivamente, ou seja, $f(x_1) > f(x_2)$, mostrando que f é decrescente.

Se $x_2 > x_1 \geq \frac{-b}{2a}$, então

$$\begin{array}{ccccc} x_2 + \frac{b}{2a} & > & x_1 + \frac{b}{2a} & \geq & 0; \\ (x_2 + \frac{b}{2a})^2 & > & (x_1 + \frac{b}{2a})^2 & \geq & 0; \\ a(x_2 + \frac{b}{2a})^2 & > & a(x_1 + \frac{b}{2a})^2 & \geq & 0; \\ a(x_2 + \frac{b}{2a})^2 + f\left(\frac{-b}{2a}\right) & \geq & a(x_1 + \frac{b}{2a})^2 + f\left(\frac{-b}{2a}\right) & \geq & f\left(\frac{-b}{2a}\right); \\ f(x_2) & > & f(x_1) & \geq & f\left(\frac{-b}{2a}\right). \end{array}$$

Provando que f é crescente.

(b) Demonstração análoga ao item anterior. (Exercício)

□

Exemplo 4.23. *A função* $g(x) = 4x^2 + 3x - 2$ *é decrescente no intervalo* $\left(-\infty, \frac{-3}{8}\right)$ *e crescente no intervalo* $\left(\frac{-3}{8}, +\infty\right)$. *Já a função* $h(x) = -7x^2 + 5x - 1$ *é crescente no intervalo* $\left(-\infty, \frac{7}{5}\right)$ *e decrescente no intervalo* $\left(\frac{7}{5}, +\infty\right)$.

Exemplo 4.24. *A função definida por partes*

$$h(x) = \begin{cases} -2, & se \quad x \leq 2 \\ 2, & se \quad x > 2 \end{cases}$$

é uma função não decrescente. De fato, dados $x_1 < x_2$, *temos que analisar três casos:*

- *Se* $x_1 < x_2 \leq 2$, *temos que* $h(x_1) = h(x_2) = -2$.
- *Se* $x_1 \leq 2 < x_2$, *temos que* $h(x_1) = -2 < 2 = h(x_2)$.
- *Se* $2 < x_1 < x_2$, *temos que* $h(x_1) = 2 = h(x_2)$.

Assim, em todos os casos, podemos afirmar que, se $x_1 < x_2$, *então* $h(x_1) \leq h(x_2)$.

Observação 4.11. *A análise das propriedades de funções monótonas abordadas nesta seção é realizada a partir do uso das propriedades de inequações e comparações entre potências dos números reais. Entretanto, para estudarmos com maior precisão os casos de funções com expressões mais elaboradas, como as funções polinomiais e racionais, é necessário o conhecimento de cálculo diferencial.*

4.4.1 Exercícios propostos

Exercício 4.29. *Seja*

$$f(x) = \begin{cases} x - 1, & se \quad x \leq 2 \\ 1, & se \quad -2 < x < 1 \\ x^2 + 3, & se \quad x \geq 1 \end{cases}$$

Determine se a função é monótona e de qual tipo.

Exercício 4.30. *Determine os valores de* $m \in \mathbb{R}$, *para que a função*

$$f(x) = (m-5)x + 1$$

seja crescente.

Exercício 4.31. *Calcule os valores de* $k \in \mathbb{R}$, *para que a função*

$$g(x) = (-3k+8)x - 5$$

seja decrescente.

Exercício 4.32. *Determine quais são os intervalos onde as seguintes funções são monótonas:*

(a) $f(x) = 3x^2 - 4x + 2$;

(b) $g(x) = 9x^2 + x - 5$;

(c) $h(x) = -2x^2 + 10x - 50$;

(d) $f(x) = x^2 - 5x$;

(e) $g(x) = -4x^2 - 4x + 4$;

(f) $h(x) = -10x^2 + 100$;

(g) $f(x) = x^2 - 5$;

(h) $g(x) = 13x^2 - 7x + 8$;

(i) $h(x) = -x^2 + x$;

(j) $f(x) = -2x^2 + 7x - 1$;

(k) $g(x) = -8x^2 + 2x + 6$;

(l) $h(x) = x^2 - 100x + 1$.

Exercício 4.33. *Encontre os valores de* x *onde a função* $f(x) = x^2 - 4x + 3$ *é crescente.*

Exercício 4.34. *Considere a função* $f(x) = |x-2|$. *Determine os intervalos onde a função é crescente e onde é decrescente.*

Exercício 4.35. *Determine se a função* $f(x) = \frac{1}{x}$ *é crescente ou decrescente no intervalo* $(0, +\infty)$.

Exercício 4.36. *Considere a função* $f(x) = 3 - \frac{x}{2}$. *Determine os valores de* x *onde a função é decrescente.*

Exercício 4.37. *Encontre os valores de* x *onde a função* $f(x) = \frac{1}{x+1}$ *é decrescente.*

Exercício 4.38. ***(Lucro)***
O lucro P sobre as vendas é dado por

$$P(x) = -200x^2 + 2000x - 3800,$$

em que x é o número de unidades vendidas por dia (em centenas). Qual é o intervalo onde a quantidade de unidades vendidas por dia tende a diminuir o lucro?

Exercício 4.39. ***(Produção)***
Um fabricante de refrigerantes produz uma bebida cuja demanda diária é dada por $D(p) = 1000 + 10p - 2p^2$, onde p é o preço em reais por unidade. Determine em que intervalo de preços a demanda é crescente.

Exercício 4.40. ***(Lucro)***
O lucro diário de uma empresa é dado por $L(x) = 3x^2 - 12x + 12$, onde x é a quantidade de unidades produzidas. Determine onde a função lucro é crescente e onde é decrescente.

Exercício 4.41. ***(Unifor-CE)***
Relativamente à função f, de $\mathbb{R}$ em $\mathbb{R}$, dada por $f(x) = 3|x| + 1$, é correto afirmar que:

(a) *f é decrescente para todo $x \leq 1$;*

(b) *f é crescente para todo $x \neq 0$;*

(c) *$f(x) = -2$ para algum $x \in \mathbb{R}$;*

(d) *$f(x) = f(-x)$;*

(e) *$f(x) = -f(x)$.*

Exercício 4.42. ***(Facs-BA)***
Considere as funções $f(x) = x - 1$ e $g(x) = x^2 - 4$. Sobre a função $h(x) = (g \circ f)(x)$, pode-se afirmar:

(a) *Tem o valor máximo no ponto de abscissa igual a 1.*

(b) *Tem raízes reais e iguais.*

(c) *É crescente no intervalo $[1, +\infty)$.*

(d) *Tem como imagem o intervalo $(-\infty, 4]$.*

(e) *Tem o gráfico simétrico em relação ao eixo OY.*

4.5 Função inversa

Ao nos depararmos com uma equação, por exemplo, $3x+2=5$, obtemos a solução $x=1$ por meio de uma série de operações algébricas, como a subtração por 2 e a divisão por 3. Porém, podemos também analisar essa resolução de outra maneira, utilizando funções.

Seja $f(x)=3x+2$. Podemos reescrever a equação $3x+2=5$ na forma $f(x)=5$. Para determinar o valor de x que satisfaz essa igualdade, podemos "eliminar" a função f do lado esquerdo da equação por meio de outra função g inversa a f. Nesse caso, podemos escolher $g(x)=\frac{x-2}{3}$. Aplicando a função g em ambos os lados da igualdade $f(x)=5$, obtemos:

$$
\begin{aligned}
g(f(x)) &= g(5);\\
g(3x+2) &= \frac{5-2}{3};\\
\frac{(3x-2)+2}{3} &= \frac{3}{3};\\
\frac{3x-2+2}{3} &= 1;\\
\frac{3x}{3} &= 1;\\
x &= 1.
\end{aligned}
$$

Note que, nas duas situações, obtemos o mesmo resultado com métodos diferentes. O segundo método é prático para equações que envolvam funções e que não podem ser resolvidas somente com as operações algébricas básicas de soma, subtração, multiplicação e divisão. Essas funções que podem ser "eliminadas" de um lado da equação são chamadas de **funções inversíveis**. Antes de definirmos esse conceito, precisamos da definição da **função identidade**.

Definição 4.6. *Dado $A \neq \emptyset$, a função $Id_A : A \to A$ definida por $Id_A(x) = x$ é conhecida como a **função identidade de** A.*

Definição 4.7. *Seja $f : A \to B$ uma função. Se existir $g : B \to A$ tal que*

$$(g \circ f)(x) = Id_A(x) = x, \forall x \in A \quad e$$

$$(f \circ g)(x) = Id_B(x) = x, \forall x \in B,$$

*dizemos que f é **inversível** e que a função g é a inversa de f.*

Notação: $g = f^{-1}$.

Observação 4.12. ***CUIDADO****: O símbolo -1 de f^{-1} não é um expoente, ou seja, $f^{-1}(x)$ **não significa** $\frac{1}{f(x)}$. A notação correta é dada por*

$$\frac{1}{f(x)} = (f(x))^{-1}.$$

Exemplo 4.25. *A função $f : [0, +\infty) \to [0, +\infty)$ definida por $f(x) = x^2$, possui função inversa $f^{-1} : [0, +\infty) \to [0, +\infty)$ definida por $f^{-1}(x) = \sqrt{x}$. De fato,*

$$(f^{-1} \circ f)(x) = f^{-1}(f(x)) = f^{-1}(x^2) = \sqrt{x^2} = x, \forall x \in [0, +\infty) \text{ e}$$

$$(f \circ f^{-1})(x) = f(f^{-1}(x)) = f(\sqrt{x}) = (\sqrt{x})^2 = x, \forall x \in [0, +\infty).$$

Observação 4.13. *No entanto, a função $g : \mathbb{R} \to [0, \infty)$ definida por $g(x) = x^2$ tem como função inversa $g^{-1} : [0, \infty) \to \mathbb{R}$ definida por $g^{-1}(x) = \sqrt{x}$, pois $\sqrt{x}$ está definida apenas para valores não negativos. É importante notar que a função g deve ser restrita ao domínio $[0, \infty)$ para que seja inversível.*

Como vimos anteriormente, para identificarmos se uma função é inversível, além de analisarmos as operações algébricas envolvidas, também verificamos o domínio e contradomínio da função. Reconhecermos se uma função é inversível ou não inversível nem sempre é uma tarefa fácil. Porém, existem formas de identificarmos quando uma função é inversível sem precisarmos determinar sua função inversa. Para isso, necessitamos do conceito de função bijetora, que aprenderemos a seguir.

Definição 4.8. *Seja $f : A \to B$ uma função. Dizemos que f é:*

(a) *Uma **função injetora** (ou **função injetiva**), quando, dados $x_1, x_2 \in A$ com $x_1 \neq x_2$, obtemos $f(x_1) \neq f(x_2)$. Em outras palavras,*

$$\textit{se } f(x_1) = f(x_2) \textit{ então } x_1 = x_2.$$

(b) *Uma **função sobrejetora** (ou **função sobrejetiva**), quando para qualquer $y \in B$, existe $x \in A$ tal que $f(x) = y$.*

(c) *Uma **função bijetora** (ou **função bijetiva**), quando f é uma função injetora e sobrejetora.*

Exemplo 4.26. *A função $g : \mathbb{R}^* \to \mathbb{R}^*$ definida por $g(x) = \dfrac{1}{x}$ é uma função injetora. De fato, para $x_1, x_2 \in \mathbb{R}^*$ com $g(x_1) = g(x_2)$, temos*

$$\frac{1}{x_1} = \frac{1}{x_2} \Leftrightarrow x_1 = x_2.$$

Além disso, a função g é uma função sobrejetora, pois, dado $y \in \mathbb{R}^*$, tomando $x = \dfrac{1}{y}$, obtemos

$$g(x) = g\left(\frac{1}{y}\right) = \frac{1}{\left(\frac{1}{y}\right)} = y.$$

Como a função g é uma função injetora e sobrejetora, podemos concluir que g é uma função bijetora.

O próximo teorema apresenta a principal característica das funções inversíveis.

Teorema 4.1. *Uma função $f : A \to B$ é inversível, se, e somente se, f é uma função bijetora.*

Demonstração: ($\Rightarrow$) Se f é uma função inversível, então, dados $x, y \in A$ tais que $f(x) = f(y)$ e $g = f^{-1}$, temos que

$$x = (g \circ f)(x) = g(f(x)) = g(f(y)) = (g \circ f)(y) = y,$$

ou seja, f é injetora. Por outro lado, dado $y \in B$ e $g = f^{-1}$, temos que

$$(f \circ g)(y) = f(g(y)) = y.$$

Assim, existe $x \in A$ tal que $x = g(y)$, ou seja, $f(x) = y$, mostrando que f é sobrejetora.

($\Leftarrow$) Agora, se f é bijetora, então, da propriedade sobrejetiva, temos que para cada $y \in B$ existe $x \in A$ tal que $f(x) = y$. Da injetividade de f, temos que x é único, pois, caso contrário, teríamos $x_1 \neq x$ tal que $f(x_1) = y = f(x)$, contradizendo a injetividade da função f. Assim, a função $g : B \to A$ definida por $g(x) = y$, onde x é o único elemento de A tal que $f(x) = y$, é a inversa de f. De fato, como

$$(g \circ f)(x) = g(f(x)) = g(y) = x;$$

$$(f \circ g)(y) = f(g(y)) = f(x) = y.$$

Concluindo que f é inversível. □

O último resultado garante qual é a propriedade de uma função inversível, mas não ensina o procedimento de como determinar qual é a função inversa. Esse processo nem sempre é trivial. Nos próximos exemplos estudaremos alguns possíveis casos.

Exemplo 4.27. *A função* $f(x) = \dfrac{7x}{2} - 3$ *é definida para qualquer* $x \in \mathbb{R}$. *Para explicitar se* f *possui uma função inversa, primeiro denotamos* f *por* y, *ou seja,*

$$y = \frac{7x}{2} - 3.$$

Em seguida, reescrevemos a equação de x *em função de* y, *com os seguintes cálculos:*

$$\begin{aligned} y + 3 &= \frac{7x}{2}; \\ 2(y+3) &= 7x; \\ \frac{2(y+3)}{7} &= x. \end{aligned}$$

A expressão

$$\frac{2(y+3)}{7} = x$$

determina a função

$$g(y) = \frac{2(y+3)}{7}.$$

Como a notação da variável independente não é relevante, podemos denotar a função g na variável x, ou seja,

$$g(x) = \frac{2(x+3)}{7}.$$

Note que o domínio e contradomínio das funções f e g é o conjunto dos números reais e a função g é a inversa de f. De fato,

$$\begin{aligned}
f(g(x)) &= f\left(\frac{2(x+3)}{7}\right); \\
&= \frac{7\left(\frac{2(x+3)}{7}\right)}{2} - 3; \\
&= \frac{2(x+3)}{2} - 3; \\
&= x + 3 - 3; \\
&= x
\end{aligned}$$

e

$$\begin{aligned}
g(f(x)) &= g\left(\frac{7x}{2} - 3\right); \\
&= \frac{2\left(\left(\frac{7x}{2} - 3\right) + 3\right)}{7}; \\
&= \frac{2\left(\frac{7x}{2} - 3 + 3\right)}{7}; \\
&= \frac{2\left(\frac{7x}{2}\right)}{7}; \\
&= \frac{7x}{7}; \\
&= x.
\end{aligned}$$

Portanto a função f é bijetora.

Exemplo 4.28. *A função $h : (-\infty, 0] \to [2, \infty)$ definida por $h(x) = 3x^2 + 2$ é bijetora e, em particular, h é inversível. Inicialmente, note que h é uma função injetora. De fato, dados $x_1, x_2 \in (-\infty, 0]$ tais que $f(x_1) = f(x_2)$.*

Assim,

$$\begin{aligned} 3x_1^2 + 2 &= 3x_2^2 + 2; \\ 3x_1^2 &= 3x_2^2; \\ x_1^2 &= x_2^2; \\ x_1 &= \pm\sqrt{x_2^2}; \\ x_1 &= \pm|x_2|. \end{aligned}$$

Sabendo que $x_1 \leq 0$ e $|x_2| \geq 0$, podemos afirmar que $x_1 = -|x_2|$. Como $x_2 \leq 0$, da definição de módulo, $|x_2| = -x_2$. Dessa forma,

$$x_1 = -|x_2| = -(-x_2) = x_2.$$

Agora mostraremos que a função h é sobrejetora. Para isso, dado $y \in [2, \infty)$, precisamos determinar qual é a expressão de $x \in (-\infty, 0]$, tal que $h(x) = y$. Com efeito, consideramos a seguinte equação: $y = 3x^2 + 2$, e, rescrevendo a equação de y em relação a x para x em relação a y, temos

$$\begin{aligned} y - 2 &= 3x^2; \\ \frac{y-2}{3} &= x^2; \\ x &= \pm\sqrt{\frac{y-2}{3}}. \end{aligned}$$

Como $x \leq 0$, temos que a expressão de x é $x = -\sqrt{\dfrac{y-2}{3}}$.

Assim,

$$\begin{aligned} h(x) &= h\left(-\sqrt{\frac{y-2}{3}}\right); \\ &= 3\left(-\sqrt{\frac{y-2}{3}}\right)^2 + 2; \\ &= 3\left(\frac{y-2}{3}\right) + 2; \\ &= y - 2 + 2; \\ &= y. \end{aligned}$$

Mostrando que a função h é sobrejetora e concluindo que a função h é bijetora.

Exemplo 4.29. *Para demonstrarmos que a função $f(x) = x^2 + 1$, definida de $\mathbb{R}$ em $\mathbb{R}$, não é bijetora, é necessário mostrar que ela não é injetora ou sobrejetora. De fato, tomando $x_1 = 1$ e $x_2 = -1$, temos que*

$$f(1) = (1)^2 + 1 = 2 = (-1)^2 + 1 = f(-1).$$

Isso mostra que a função f não é injetora e, consequentemente, não é bijetora.

Observação 4.14. *A afirmação de que*

$$f^{-1} \circ g^{-1} = (f \circ g)^{-1} \textit{ \textbf{é falsa}}.$$

Para provar isso, podemos tomar como exemplo as funções

$$f(x) = \frac{3x+1}{2} \text{ e } g(x) = 2x - 1.$$

Temos que f e g são funções inversíveis, com

$$f^{-1}(x) = \frac{2x-1}{3} \text{ e } g^{-1}(x) = \frac{x+1}{2}.$$

Então, ao compor as funções inversas f^{-1} e g^{-1}, temos:

$$\begin{aligned}(f^{-1} \circ g^{-1})(x) &= f^{-1}(g^{-1}(x));\\ &= f^{-1}\left(\frac{x+1}{2}\right);\\ &= \frac{2(\frac{x+1}{2})-1}{3};\\ &= \frac{x}{3}.\end{aligned}$$

Por outro lado, ao compormos as funções f e g, temos:

$$\begin{aligned}(f \circ g)(x) &= f(g(x));\\ &= f(2x-1);\\ &= \frac{3(2x-1)+1}{2};\\ &= 3x-1.\end{aligned}$$

Agora, ao calcularmos a inversa de $f \circ g$, temos:

$$(f \circ g)^{-1}(x) = \frac{x+1}{3}.$$

Assim, vemos que $(f^{-1} \circ g^{-1})(x) = \frac{x}{3}$ é diferente de $(f \circ g)^{-1}(x) = \frac{x+1}{3}$.

Observação 4.15. *Seja f uma função inversível. Notemos, $(a, b) \in Graf(f)$ se, e somente se, $f(a) = b$ se, e somente se, $f^{-1}(b) = a$ se, e somente se, $(b, a) \in Graf(f^{-1})$. Portanto, cada ponto (a, b) no gráfico de f corresponde a um ponto (b, a) no gráfico de f^{-1}. Isso significa que o gráfico de f^{-1} é obtido refletindo o gráfico de f em relação à reta da equação $y = x$.*

4.5.1 Exercícios propostos

Exercício 4.43. *Seja $f\colon \mathbb{R}^* \to \mathbb{R}^*$ definida por $f(x) = \frac{1}{x}$. Mostre que a função f é bijetora.*

Exercício 4.44. *Sabendo que $f(x) = 3x + 2$ e $g(x) = x^2$, determine:*

(a) $f^{-1}(g(x))$;

(b) $g^{-1}(f(x))$.

Exercício 4.45. *Dada a função* $f(x) = x + 2$, *calcule* $(f(x+1))^{-1}$.

Exercício 4.46. *Dada a função* $f(2x+1) = 4x - 3$, *determine* $f(x)$ *e* $f^{-1}(x)$.

Exercício 4.47. *Mostre para cada item que as funções* f *e* g *são uma inversa da outra, verificando em cada caso que* $f(g(x)) = x$ *e* $g(f(x)) = x$.

(a) $f(x) = 7x + 2$ *e* $g(x) = \dfrac{x-2}{7}$;

(b) $f(x) = 16 - x^2$ e $g(x) = \sqrt{16 - x}$;

(c) $f(x) = 7 - x^3$ *e* $g(x) = \sqrt[3]{7 - x}$.

Exercício 4.48. *Se uma função* f *possui uma inversa* f^{-1}, *demonstre que* $(f^{-1})^{-1} = f$. *Prove que a função inversa de* f *é única.*

Exercício 4.49. *Determine em cada caso a função inversa de* f:

(a) $f(x) = 7x - 3$;

(b) $f(x) = x^7$;

(c) $f(x) = \sqrt{9 - x^2}$;

(d) $f(x) = \sqrt{x^2 - 16}$;

(e) $f(x) = x^{\frac{3}{2}}$;

(f) $f(x) = x^{\frac{5}{3}}$.

Exercício 4.50. *Mostre que a função* $f(x) = \dfrac{x+2}{2x-1}$ *coincide com sua inversa, ou seja,* $f(f(x)) = x$.

Exercício 4.51. *Seja*

$$f(x) = \begin{cases} x, & x < 1 \\ x^2 & 1 \leq x \leq 9 \\ 27\sqrt{x} & x > 9 \end{cases},$$

verifique se f *tem uma função inversa e encontre* $f^{-1}(x)$.

Exercício 4.52. *Sabendo que* $f(x) = \dfrac{x-1}{2}$ *e* $g(x) = \dfrac{2}{x}$, $x \neq 0$, *determine o domínio de* $(g \circ f)^{-1}$.

Exercício 4.53. *Dadas as funções* $f(x) = \dfrac{2x+1}{3}$ *e* $g(x) = x^3$, *calcule*

$$[(f(x-2))^{-1} \circ g](x).$$

Exercício 4.54. *Se* $f(x) = \dfrac{ax+1}{bx-1}$, *determine os valores de* a *e* b, *tais que* f *seja sua própria inversa, ou seja,* $f(f(x)) = x$.

Exercício 4.55. *Dada a função* $f(x) = \dfrac{x}{\sqrt{1+x^2}}$ *definida para todo número real, mostre que sua inversa é a função* $g(x) = \dfrac{x}{\sqrt{1-x^2}}$ *definida no intervalo* $(-1,1)$.

Exercício 4.56. ***(Teoria da relatividade)*** *Na teoria da relatividade, a massa de uma partícula com velocidade* v *é*

$$m = f(v) = \frac{m_0}{\sqrt{1-\frac{v^2}{c^2}}},$$

onde m_0 *é massa da partícula em repouso e* c *é a velocidade da luz no vácuo. Encontre a função inversa de* f.

Exercício 4.57. *Verifique se as funções*

$$f(x) = \frac{1+\sqrt{x}}{1-\sqrt{x}} \text{ e } g(x) = \left(\frac{x-1}{x+1}\right)^2 \text{ para } x > 1$$

são inversas uma da outra.

Exercício 4.58. *A fórmula* $C = \frac{5}{9}(F-32)$, *onde* $F \geq -459{,}67$, *expressa a temperatura* C *em graus Celsius como uma função temperatura* F *em graus Fahrenheit. Encontre uma fórmula para a função inversa. Qual o domínio da função inversa?*

Exercício 4.59. *A função* $f(x) = |x+4|$ *é inversível? Justifique sua reposta.*

Exercício 4.60. ***(Fuvest-SP)***
Seja $f(x) = 2x - 3$ *e* $g(x) = \dfrac{x}{2} + 1$, *definidas em* $\mathbb{R}$. *Determine as funções* f^{-1} *e* g^{-1} *e calcule o valor de* $(f^{-1} \circ g^{-1})(\frac{1}{2})$.

Exercício 4.61. ***(UFU/Paies-MG)***

Durante os primeiros dias de vida, o peso de um pintainho saudável e bem alimentado pode ser aproximado pela função $p(t) = p_0 + 50t$, *em que* p_0 *é o peso do pintainho ao nascer,* t *é o tempo medido em dias,* $t \geq 0$, *e* $p(t)$ *é o peso em gramas após* t *dias. Determine quais das seguintes afirmações são verdadeiras (V) e quais são falsas (F).*

(a) *Um pintainho que nasce com* 50 *g quadruplica seu peso em* 5 *dias.*

(b) *A diferença entre pesos de dois pintainhos que nasceram no mesmo dia é de* 20 *g no quarto dia de vida. Isso quer dizer que, quando nasceram, a diferença entre os seus pesos era de* 5 *g.*

(c) *A igualdade* $p(t + 1) - p(t) = 50$ *é verdadeira e isso significa que o pintainho ganha* 50 *g de peso por dia.*

(d) *A função* $p(t)$ *é crescente, e isso significa que cada dia o pintainho ganha peso.*

(e) *A função* $p(t)$ *é injetora e sua inversa é a função*

$$q(x) = \frac{x - p_0}{50}, \text{ para } x \geq p_0.$$

Exercício 4.62. ***(FCC-BA)***

A função inversa da função $f(x) = \dfrac{2x-1}{x+3}$ *é:*

(a) $f^{-1}(x) = \dfrac{x+3}{2x-1}$;

(b) $f^{-1}(x) = \dfrac{2x+1}{x-3}$;

(c) $f^{-1}(x) = \dfrac{1-2x}{3-x}$;

(d) $f^{-1}(x) = \dfrac{3x-1}{x-2}$;

(e) $f^{-1}(x) = \dfrac{3x+1}{2-x}$.

Exercício 4.63. ***(UFRGS)***

Seja $f(x) = x^3 + 1$ *e* $g(x) = \sqrt[3]{x-1}$, *ambas definidas em* $\mathbb{R}$. *Verifique se* $f \circ g$ *é injetora e, caso seja, determine sua inversa.*

Exercício 4.64. ***(UFF-RJ)***

A função $f : \mathbb{R} \to \mathbb{R}$ *é definida por* $f(x) = x^2 + 4x + 4$. *Determine o valor de* a *para que* $f^{-1}(a)$ *esteja bem definido e calcule* $f^{-1}(a)$.

Capítulo 5

Apêndice

5.1 Fórmula de interpolação de Lagrange

Quando precisamos acompanhar o crescimento de uma planta ou de um animal, é útil obtermos uma função que forneça, para cada momento, a altura ou massa aproximada. A **fórmula de interpolação de Lagrange** ajuda a determinar uma função polinomial que fornece tal aproximação. Isso segue do fato de que, dados $n \geq 2$ números distintos $x_1, \ldots, x_n$ e n números quaisquer $a_1, \ldots, a_n$, podemos obter uma função polinomial f, de grau menor ou igual a $n-1$, tal que $f(x_i) = a_i$ para cada $i = 1, 2, \ldots, n$.

Joseph Louis Lagrange

Joseph Louis Lagrange[1] (1736-1813) foi um dos maiores matemáticos do século XVIII. Nascido em Turim, Itália, veio de uma família outrora abastada de estirpe franco-italiana e foi o único de onze filhos a atingir a idade adulta. Estudou em Turim e, ainda muito jovem, tornou-se professor

[1] `https://mathshistory.st-andrews.ac.uk/Biographies/Lagrange/`

de matemática na academia militar local. O interesse de Lagrange pela matemática começou quando ele leu uma cópia do livro de Halley, publicado em 1693. O mundo da matemática deve agradecer ao pai de Lagrange pelos seus prejuízos em especulações financeiras, já que Lagrange afirmou: "Se eu fosse rico, provavelmente não teria me dedicado à matemática".

Funções polinomiais auxiliares

Dados n pontos distintos $x_1, \ldots, x_n$, é possível construir imediatamente uma função polinomial de grau n, definida por:

$$p(x) = (x - x_1)(x - x_2)\ldots(x - x_n);$$

essa função é nula exatamente nos valores $x_1, x_2, \ldots, x_n$.

Suprimindo o monômio $(x - x_1)$ nessa função polinomial, podemos construir a função polinomial

$$p_1(x) = (x - x_2)(x - x_3)\ldots(x - x_n),$$

na qual $p_1(x_1) \neq 0$. Analogamente, podemos definir outras funções polinomiais $p_i(x)$, dadas por

$$p_i(x) = (x - x_1)\ldots(x - x_{i-1})(x - x_{i+1})\ldots(x - x_n),$$

satisfazendo $p_i(x_i) \neq 0$ e $p_i(x_j) = 0$ para todo $j \neq i$. A partir dessas funções polinomiais p_i, obtemos funções polinomiais f_i de grau menor ou igual a $n - 1$, onde $f_i(x_i) = 1$ e $f_i(x_j) = 0$ para todo $j \neq i$. Mais precisamente,

$$f_i(x) = \frac{p_i(x)}{p_i(x_i)}.$$

Portanto,

$$f_i(x_j) = \frac{p_i(x_j)}{p_i(x_i)} = \begin{cases} 1, & \text{se} \quad i = j \\ 0, & \text{se} \quad i \neq j \end{cases}$$

Explicitamente, as funções f_i são definidas por

$$f_i(x) = \frac{(x - x_1)\cdots(x - x_{i-1})(x - x_{i+1})\cdots(x - x_n)}{(x_i - x_1)\cdots(x_i - x_{i-1})(x_i - x_{i+1})\cdots(x_i - x_n)} = \prod_{j \neq i} \left(\frac{x - x_j}{x_i - x_j} \right),$$

sendo que o símbolo $\prod_{j \neq i}$ é uma notação compacta para denotar um produto de vários termos.

A função polinomial interpolador de Lagrange

A partir das funções polinomiais f_i definidas anteriormente, temos o seguinte resultado.

Teorema 5.1. *Dados n números distintos $x_1, \ldots, x_n$ e n números quaisquer $a_1, \ldots, a_n$, existe uma função polinomial f, de grau menor ou igual a $n-1$ tal que*

$$f(x_i) = a_i, \qquad i = 1, 2, \ldots, n.$$

Demonstração: Como $f_i(x_i) = 1$, para $1 \leq i \leq n$. É claro que $a_i f_i(x_i) = a_i$, para $1 \leq i \leq n$. Por outro lado, $f_i(x_j) = a_i f_i(x_j) = 0$ para $j \neq i$. Assim, a função

$$f(x) = a_1 f_1(x) + a_2 f_2(x) + \ldots + a_n f_n(x) = \sum_{i=1}^{n} \left[a_i \cdot \prod_{j \neq i} \left(\frac{x - x_j}{x_i - x_j} \right) \right]$$

satisfaz a condição desejada, ou seja, $f(x_i) = a_i$ para $1 \leq i \leq n$. □

Observação 5.1. *A demonstração baseia-se na construção de n funções polinomiais f_i, onde cada uma possui a propriedade de que $f_i(x_j) = 0$ para $j \neq i$ e $f_i(x_i) = 1$. A partir dessas funções, podemos obter a função f como uma combinação linear das funções f_i com coeficientes a_i. A função f é, portanto, de grau menor ou igual a $n-1$ e satisfaz $f(x_i) = a_i$ para $i = 1, 2, \ldots, n$.*

Definição 5.1. ***(Função polinomial interpolador de Lagrange)*** *Dados n pontos distintos no plano cartesiano $(x_1, a_1), (x_2, a_2), \ldots, (x_n, a_n)$, a **função polinomial interpoladora de Lagrange** é dada por:*

$$f(x) = \sum_{i=1}^{n} \left[a_i \cdot \prod_{j \neq i} \left(\frac{x - x_j}{x_i - x_j} \right) \right].$$

Essa função é um polinômio de grau no máximo $n-1$ e passa por todos os pontos dados, ou seja, $f(x_i) = a_i$ para $i = 1, 2, \ldots, n$.

Para ilustrar a definição de forma mais clara, vamos encontrar explicitamente a função polinomial interpoladora de Lagrange para $n = 2$ e $n = 3$.

Exemplo 5.1. *Para $n = 2$, temos*

$$\begin{aligned} f(x) &= a_1 \cdot f_1(x) + a_2 \cdot f_2(x); \\ &= a_1 \cdot \left(\frac{p_1(x)}{p_1(x_1)}\right) + a_2 \cdot \left(\frac{p_2(x)}{p_2(x_2)}\right); \\ &= a_1 \cdot \left(\frac{x - x_2}{x_1 - x_2}\right) + a_2 \cdot \left(\frac{x - x_1}{x_2 - x_1}\right). \end{aligned}$$

Para $n = 3$, temos

$$\begin{aligned} f(x) &= a_1 \cdot f_1(x) + a_2 \cdot f_2(x) + a_3 \cdot f_3(x); \\ &= a_1 \cdot \left(\frac{p_1(x)}{p_1(x_1)}\right) + a_2 \cdot \left(\frac{p_2(x)}{p_2(x_2)}\right) + a_3 \cdot \left(\frac{p_3(x)}{p_3(x_3)}\right); \\ &= a_1 \cdot \frac{(x - x_2)(x - x_3)}{(x_1 - x_2)(x_1 - x_3)} + a_2 \cdot \frac{(x - x_1)(x - x_3)}{(x_2 - x_1)(x_2 - x_3)} \\ &+ a_3 \cdot \frac{(x - x_1)(x - x_2)}{(x_3 - x_1)(x_3 - x_2)}. \end{aligned}$$

Exemplo 5.2. *Supondo que a massa de uma árvore destinada à produção de papel seja de aproximadamente 40 kg aos 2 anos, 128 kg aos 4 anos e 256 kg aos 8 anos, podemos determinar a função polinomial interpoladora de Lagrange que representa a massa da árvore em qualquer momento t. Primeiramente, denotamos $p(2) = 40$, $p(4) = 128$ e $p(8) = 256$. Em seguida, utilizamos a fórmula da função interpoladora de Lagrange, que consiste em construir n polinômios p_i de grau menor ou igual a $n - 1$, que passam pelos pontos $p(x_i) = a_i$, onde $i = 1, 2, \ldots, n$.*

No nosso caso, temos $n = 3$ pontos, portanto construímos os polinômios p_1, p_2 e p_3 da seguinte forma:

$$p_1(t) = \frac{(t-4)(t-8)}{(2-4)(2-8)} = \frac{t^2 - 12t + 32}{12};$$

$$p_2(t) = \frac{(t-2)(t-8)}{(4-2)(4-8)} = \frac{t^2 - 10t + 16}{-8};$$

$$p_3(t) = \frac{(t-2)(t-4)}{(8-2)(8-4)} = \frac{t^2-6t+8}{12}.$$

A função polinomial interpoladora de Lagrange desejada é então

$$p(t) = 40p_1(t) + 128p_2(t) + 256p_3(t) = 12t^2 - t^3,$$

que fornece o valor aproximado da massa da árvore em qualquer momento entre 2 *e* 8 *anos. Por exemplo, podemos usar essa função para estimar a massa da árvore aos* 5 *anos como sendo de*

$$p(5) = 12 \cdot (5)^2 - (5)^3 = 12 \cdot 25 - 125 = 300 - 125 = 175\ kg.$$

5.1.1 Exercícios propostos

Exercício 5.1. ***(Interpolador de Lagrange)***
Suponha que a massa de uma árvore destinada à produção de papel, aos 3 *anos, seja de aproximadamente* $60kg$*, aos* 5 *anos, seja de* $240kg$*, e que, aos* 9 *anos, sua massa seja de* $360kg$*. Determine o polinômio interpolador de Lagrange e calcule a valor aproximado da massa da árvore para* $t = 4$.

Exercício 5.2. ***(Interpolador de Lagrange)***
Suponha que a altura de uma planta aos 2 anos seja de $20cm$*, aos* 4 *anos de* $50cm$ *e que, aos* 7 *anos, sua altura seja de* $120cm$*. Determine o polinômio interpolador de Lagrange e calcule o valor aproximado da altura da planta para* $t = 5$ *anos.*

Exercício 5.3. ***(Interpolador de Lagrange)***
Suponha que a temperatura em um determinado local às 8 *horas da manhã seja de* $20°C$*, às* 12 *horas do meio dia seja de* $30°C$*, e às* 16 *horas da tarde seja de* $25°C$*. Determine o polinômio interpolador de Lagrange e calcule o valor aproximado da temperatura para as* 10 *horas da manhã.*

Exercício 5.4. ***(Interpolador de Lagrange)***
Suponha que o peso de um objeto seja de 10 *gramas para uma altura de* 2 *metros, de* 25 *gramas para uma altura de* 4 *metros e de* 50 *gramas para uma altura de* 6 *metros. Determine o polinômio interpolador de Lagrange e calcule o valor aproximado do peso do objeto para uma altura de* 5 *metros.*

Exercício 5.5. ***(Interpolador de Lagrange)***
Suponha que a população de uma cidade seja de 1000 *habitantes em* 2000, 2000 *habitantes em* 2010 *e* 4000 *habitantes em* 2020. *Determine o polinômio interpolador de Lagrange e calcule o valor aproximado da população da cidade para o ano de* 2015.

Exercício 5.6. ***(Interpolador de Lagrange)***
Um estudo estatístico revela que, em um determinado período, o número de matrículas em uma escola cresceu de 500 *para* 800 *em um intervalo de* 5 *anos e, em seguida, para* 1100 *em um intervalo de* 10 *anos. Determine o polinômio interpolador de Lagrange e calcule o valor aproximado do número de matrículas na escola após* 7 *anos do início do estudo.*

5.2 Funções definidas por partes

Um técnico de laboratório químico, analisando o resfriamento de uma substância pura, obtém o esboço do gráfico na Figura 5.1. Observe que, no gráfico, os intervalos $[0, 5], [5, 20], [20, 55], [55, 80]$ e $[80, 100]$ são segmentos de retas. Para descrever a função que representa esse esboço, é necessário determinar quais são as funções que representam cada segmento de retas no respectivo intervalo.

Figura 5.1:

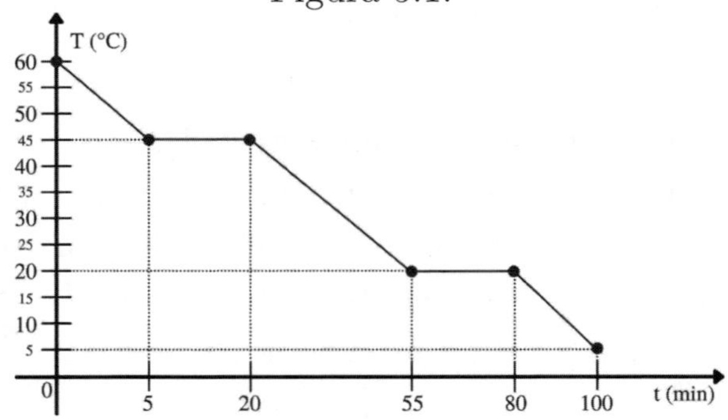

Denotando a função que representa a temperatura da substância (em $°C$) em função do tempo t (em minutos) por $T(t)$, podemos determinar as funções que representam cada segmento de reta do gráfico. O primeiro segmento de reta é determinado pelos pontos $(0, 60)$ e $(5, 45)$. Para encontrar a equação da função que representa esse segmento, calculamos o coeficiente angular da reta que passa por esses pontos, o que resulta em:

$$\frac{45-60}{5-0} = \frac{-25}{5} = -5.$$

Assim, a função que representa esse segmento de reta é dada por:

$$f_1(t) = -5t + (60 - [(-5) \cdot 0]) = -5t + 60, \text{ onde } D(f_1) = [0, 5].$$

A função que representa o segmento de reta que passa pelos pontos $(5, 45)$ e $(20, 45)$ é a função constante $f_2(t) = 45$, onde $D(f_2) = [5, 20]$.

Procedendo de forma semelhante, obtemos as funções que representam os segmentos de reta entre os pontos $(20, 45)$ e $(55, 20)$; $(55, 20)$ e $(80, 20)$; e $(80, 20)$ e $(100, 5)$, que são, respectivamente:

$$\begin{array}{rclcl} f_3(t) & = & -\frac{5}{7}t + \frac{415}{7} & \text{onde} & D(f_3) = [20, 55]; \\ \\ f_4(t) & = & 20 & \text{onde} & D(f_4) = [55, 80]; \\ \\ f_5(t) & = & -\frac{3}{4}t + 80 & \text{onde} & D(f_5) = [80, 100]. \end{array}$$

Assim, usando as funções f_1, f_2, f_3, f_4 e f_5, a função $T(t)$ pode ser escrita como:

$$T(t) = \begin{cases} -5t + 60, & \text{se} \quad 0 \leq t \leq 5; \\ 45, & \text{se} \quad 5 < t < 20; \\ -\frac{5}{7}t + \frac{415}{7}, & \text{se} \quad 20 \leq t \leq 55; \\ 20, & \text{se} \quad 55 < t < 80; \\ -\frac{3}{4}t + 80, & \text{se} \quad 80 \leq t \leq 100. \end{cases}$$

Observamos que a lei que descreve a função $T(t)$ depende do intervalo em que a variável t se encontra. Chamamos de **funções definidas por partes** todas as funções que são definidas por diversas fórmulas em diferentes partes do seu domínio.

Exemplo 5.3. *A função valor absoluto, também chamada de função módulo, é definida por partes como:*

$$|x| = \begin{cases} x, & se \quad x \geq 0; \\ -x, & se \quad x < 0. \end{cases}$$

O esboço do gráfico da função módulo é a união das semirretas $y = -x$ para $x < 0$ com $y = x$ para $x \geq 0$. Na Figura 5.2, podemos observar o esboço do gráfico da função módulo.

Figura 5.2:

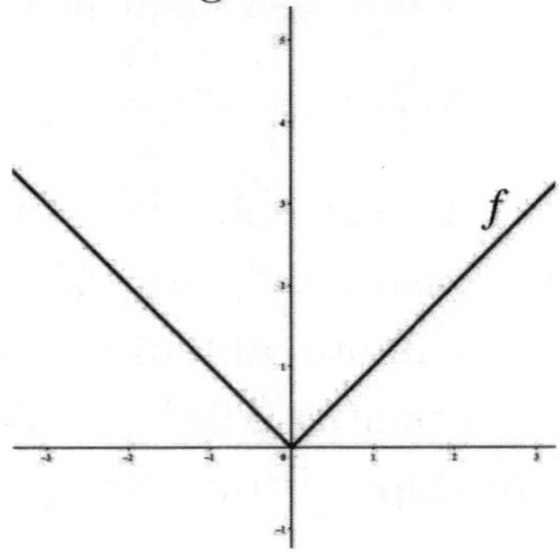

Exemplo 5.4. *Para esboçarmos o gráfico da função definida por partes*

$$f(x) = \begin{cases} x^2 + 1, & se \quad x \geq 0; \\ 2x - 3, & se \quad -1 \leq x < 0; \\ x, & se \quad x < -1. \end{cases}$$

devemos esboçar os gráficos das funções $x^2 + 1$, $2x - 3$ e x, respectivamente nos intervalos $[0, +\infty)$, $[-1, 0)$ e $(-\infty, -1)$. Na Figura 5.3 é apresentado o esboço do gráfico da função.

Figura 5.3:

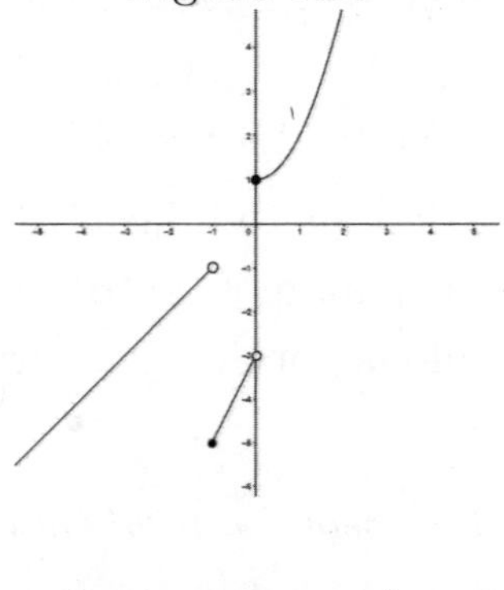

Exemplo 5.5. *Para determinarmos uma função definida por partes que é equivalente à expressão $|x - 1| - |x - 4|$ onde $x \in \mathbb{R}$, devemos analisar três casos:*

(a) *Se $x < 1$, temos $x - 1 < 0$ e $x - 4 < 0$. Assim,*

$$\begin{aligned} |x-1| - |x-4| &= -(x-1) - [-(x-4)]; \\ &= -x + 1 - [-x + 4]; \\ &= -x + 1 + x - 4; \\ &= -3. \end{aligned}$$

(b) *Se $1 \leq x \leq 4$, temos $x - 4 \leq 0$ e $x - 1 \geq 0$. Assim,*

$$\begin{aligned} |x-1| - |x-4| &= x - 1 - [-(x-4)]; \\ &= x - 1 - [-x + 4]; \\ &= x - 1 + x - 4; \\ &= 2x - 5. \end{aligned}$$

(c) *Se $x > 4$, temos $x - 4 > 0$ e $x - 1 > 0$. Assim,*

$$\begin{aligned} |x-1| - |x-4| &= x - 1 - (x-4); \\ &= x - 1 - x + 4; \\ &= 3. \end{aligned}$$

Portanto, $|x-1| - |x-4| = \begin{cases} -3, & se \quad x < 1; \\ 2x - 5, & se \quad 1 \leq x \leq 4; \\ 3, & se \quad x > 4. \end{cases}$

5.2.1 Exercícios propostos

Exercício 5.7. *Seja* $f(x) = \begin{cases} x^2 - 1, & se \quad x > 2; \\ x + 1, & se \quad x < 0. \end{cases}$

(a) *Qual é o domínio de f?*

(b) *Calcule $f(1)$, $f(-1)$ e $f(3)$.*

(c) *Quais são as raízes da função f?*

Exercício 5.8. *Descreva as seguintes expressões como funções definidas por partes.*

(a) $|x^2|$;

(b) $|x+1|$;

(c) $|x|+1$;

(d) $|x^2-2x+2|$;

(e) $|x-4|-|x-6|$;

(f) $|x-2|+|x+3|$.

Exercício 5.9. *Quais as soluções reais da equação*

$$|x|+|x+1|=4?$$

Dica: *Para resolvermos, siga as seguintes instruções:*

(a) *Escreva a função definida por partes* $|x|+|x+1|$.

(b) *Iguale cada expressão da função definida por partes por* 4.

(c) *Resolva as equações obtidas.*

Exercício 5.10. *Esboce o gráfico da função definida por partes*

$$f(x)=\begin{cases} x+1, & se \quad x \geq 0; \\ x-1, & se \quad x<0. \end{cases}$$

Exercício 5.11. *Escreva a função $h(x)$ definida por partes que é equivalente à expressão $|2x-3|+|x+1|$ para todo $x \in \mathbb{R}$.*

Exercício 5.12. *A função $f(x)$ é definida por partes, conforme a seguir:*

$$f(x)=\begin{cases} -x+2, & se \quad x \leq 15,; \\ x^2-3x+4, & se \quad x>15. \end{cases}$$

Quais são os valores de $f(1)$, $f(5)$, $f(25)$ e $f(50)$?

Exercício 5.13. *Seja $f:\mathbb{R}\to\mathbb{R}$ dada por*

$$f(x)=\begin{cases} x, & se \quad x \leq 3,; \\ 1-x, & se \quad x>3. \end{cases}$$

Qual é o valor de $f(-4)+f(2)+f(7)$?

Exercício 5.14. *Considere a função*

$$f(x)=\begin{cases} x^2+1 & se\ x \leq 1, \\ 2x & se\ 1<x\leq 2, \\ x & se\ x>2. \end{cases}$$

(a) *Esboce o gráfico de f.*

(b) *Determine o valor mínimo de $f(x)$ no intervalo $1 < x \leq 2$.*

Exercício 5.15. ***(UFGO)***
Considere a função $f : \mathbb{R} \to \mathbb{R}$, definida por $f(x) = x + |x|$, e faça o que se pede:

(a) *Mostre que* $f(x) = \begin{cases} 0, & \textit{se} \quad x < 0; \\ 2x, & \textit{se} \quad x > 0. \end{cases}$

(b) *Resolva a equação $f(x+2) - x = 3$.*

5.3 Binômio de Newton

Apresentamos uma seleção de identidades numéricas comumente usadas, muitas das quais são frequentemente aplicadas sem a devida referência. Esta lista inclui o célebre binômio de Newton, bem como outras expressões relacionadas a quadrados, cubos, entre outros.

	Fórmula do binômio de Newton
1	$(a+b)^1 = a + b$
2	$(a+b)^2 = a^2 + 2ab + b^2$
3	$(a+b)^3 = a^3 + 3a^2b + 3ab^2 + b^3$
4	$(a+b)^4 = a^4 + 4a^3b + 6a^2b^2 + 4ab^3 + b^4$
5	$(a+b)^5 = a^5 + 5a^4b + 10a^3b^2 + 10a^2b^3 + 5ab^4 + b^5$
$\vdots$	$\vdots$
n	$(a+b)^n = \sum_{k=0}^{n} \binom{n}{k} a^{n-k} b^k$

Onde: $\binom{n}{k}$ representa o coeficiente binomial, que é dado por

$$\binom{n}{k} = \frac{n!}{k!(n-k)!}.$$

5.4 Tabela de fórmulas de soma e diferença de potência

Expressão	Resultado
a^2+b^2	$(a+b)^2-2ab$
a^3+b^3	$(a+b)(a^2-ab+b^2)$
a^4+b^4	$(a^2+2ab+b^2)(a^2-2ab+b^2)$
a^5+b^5	$(a+b)(a^4-a^3b+a^2b^2-ab^3+b^4)$
a^n+b^n	$(a+b)(a^{n-1}-a^{n-2}b+a^{n-3}b^2-\cdots+(-1)^{n-1}b^{n-1})$

Expressão	Resultado
a^2-b^2	$(a+b)(a-b)$
a^3-b^3	$(a-b)(a^2+ab+b^2)$
a^4-b^4	$(a-b)(a+b)(a^2+b^2)$
$\vdots$	$\vdots$
a^n-b^n	$(a-b)(a^{n-1}+a^{n-2}b+a^{n-3}b^2+\cdots+b^{n-1})$

Bibliografia

[1] BOULOS, Paulo; ZAGOTTIS, Decio Leal de. *Mecânica e cálculo: um curso integrado*. 2. ed. São Paulo: Blucher, 2000.

[2] BOYER, Carl B. *História da matemática*. São Paulo: Blucher, 2012.

[3] BUCCHI, Paulo. *Matemática, volume único*. 1. ed. São Paulo: Moderna, 1992.

[4] CARMO, M. P. do; MORGADO, A. C.; WAGNER, E. *Trigonometria, números complexos – Notas históricas de J. B. Pitombeira*. 3. ed. Rio de Janeiro: Sociedade Brasileira de Matemática, 1992.

[5] DANTE, Luiz Roberto. *Matemática – Contexto & aplicações*. São Paulo: Editora Ática, 2000.

[6] EDWARDS, C. H.; PENNY, David E. *Calculus with analytic geometry*. New Jersey: Prentice-Hall, 1994.

[7] EVES, Howard. *Introdução à história da matemática*. 5. ed. Campinas, SP: Editora da Unicamp, 2011.

[8] FINNEY, Ross L.; WEIR, Maurice D.; GIORDANO, Frank R. *Cálculo de George B. Thomas Jr.* Tradução Paulo Boschcov. Revisão técnica Leila Maria Vasconcellos Figueiredo. São Paulo: Addison Wesley, 2002. v. 1.

[9] FLEMMING, Diva Marília. *Cálculo A: funções, limite, derivação, integração*. 5. ed. São Paulo: Pearson Makron Books, 1992.

[10] GERÔNIMO, João Roberto; FRANCO, Valdeni Soliani. *Geometria plana e espacial: um estudo axiomático.* 2. ed. Maringá: Eduem, 2010.

[11] GOMES, Francisco Magalhães. *Pré-cálculo: operações, equações, funções e sequências / Francisco Magalhães Gomes.* São Paulo, SP: Cengage Learning, 2018.

[12] GONÇALVES, Adilson. *Introdução à álgebra.* 6. ed. Rio de Janeiro: IMPA, 2017. (Projeto Euclides).

[13] HOFFMANN, Laurence D. *Calculus for the social, managerial and life sciences.* New York: McGraw-Hill Book Company, 1980.

[14] HUGHES-HALLETT, Deborah. *Applied calculus.* New York: John Wiley & Sons, Inc., 1999.

[15] IEZZI, Gelson; DOLCE, Osvaldo; DEGENSZAJN, David; PÉRIGO, Roberto; ALMEIDA, Nilze de. *Matemática: ciência e aplicação.* São Paulo: Atual, 2001. v. 1.

[16] KUNEN, Kenneth. *Teoria dos conjuntos.* Amsterdam: North-Holland, 1980.

[17] LAPA, Nilton. *Matemática aplicada.* São Paulo: Saraiva, 2012.

[18] LARSON, Ron. *Cálculo aplicado.* 1. ed. São Paulo: Cengage Learning, 2015.

[19] LEONARDO, Fabio Martins de; SILVA, Willian Raphael. *Conexões com a matemática*, volume único. São Paulo: Moderna, 2017.

[20] LIMA, Elon Lages. *Análise real – Funções de uma variável.* 13. ed. Rio de Janeiro: IMPA, 2020. v. 1. (Coleção Matemática Universitária).

[21] LIMA, Elon Lages. *Números e funções reais.* Rio de Janeiro: SBM, 2013.

[22] MACHADO, Antônio dos Santos. *Matemática: trigonometria e progressões.* São Paulo: Atual, 1986.

[23] MELLO, José Luiz Pastore. *Matemática, volume único: construção e significado.* 1. ed. São Paulo: Moderna, 2005.

[24] MOLTER, Alexandre; NACHTIGALI, Cícero; ZAHN, Maurício. *Trigonometria e números complexos: com aplicações.* São Paulo: Blucher, 2020.

[25] MORETTIN, Pedro A.; HAZZAN, Samuel; BUSSAD, Wilton de O. *Cálculo funções de uma e várias variáveis.* São Paulo: Saraiva, 2003.

[26] MUNEM, Mustafa A. *Cálculo.* 2. ed. Rio de Janeiro: Guanabara Dois, 1986.

[27] MUNKRES, James R. *Conjuntos e topologia.* Rio de Janeiro: LTC, 1977.

[28] OLIVEIRA, Mário de. *Trigonometria.* Belo Horizonte: Itatiaia, 1976.

[29] PAIVA, Manoel. *Matemática: volume único.* 2. ed. São Paulo: Moderna, 2003.

[30] RODRIGUES, Abílio. *Introdução à teoria dos conjuntos.* Rio de Janeiro: LTC, 2016.

[31] ROQUE, Tatiana. *História da matemática: uma visão crítica, desfazendo mitos e lendas.* Rio de Janeiro: Zahar, 2012.

[32] SIMMONS, George F. *Cálculo com geometria analítica.* São Paulo: Pearson Makron Books, 1987. v. 1.

[33] SOUZA, Maria Helena Soares de. *Matemática, 2º grau.* São Paulo: Scipione, 1996.

[34] STEWART, Ian. *Dezessete equações que mudaram o mundo.* Rio de Janeiro: Zahar, 2013.

[35] STEWART, Ian. *Em busca do infinito: uma história da matemática dos primeiros números à teoria do caos.* 1. ed. Rio de Janeiro: Zahar, 2014.

[36] STEWART, James. *Cálculo*. São Paulo: Pioneira Thomson Learning, 2003. v. 1.

[37] SWOKOWSKI, Earl Willian. *Cálculo com geometria analítica*. São Paulo: McGraw-Hill do Brasil, 1983.

[38] TAN, S. T. *Matemática aplicada à administração e economia*. 5. ed. americana. São Paulo: Pioneira Thomson Learning, 2003.

[39] TEIXEIRA, Bárbara de Holanda Maia. *Cálculo – Exercícios resolvidos para os cursos de exatas e tecnológicas*. Campinas, SP: Editora da Unicamp, 2014.